软件单元测试

顾翔◎著

电子工业出版社·
Publishing House of Electronics Industry
北京·BEIJING

内 容 简 介

本书对软件单元测试进行了详细介绍。第 1 章与第 2 章介绍软件单元测试的概念和基础知识；第 3 章到第 5 章介绍 C 语言、Java 语言和 Python 语言的单元测试框架和应用技巧；第 6 章与第 7 章介绍代码覆盖率工具和代码语法规范检查工具；第 8 章通过两个案例详细介绍 TDD。

本书适合软件开发工程师、测试工程师、项目经理和大学计算机专业本科高年级学生与研究生阅读。

图书在版编目（CIP）数据

软件单元测试 / 顾翔著. —北京：电子工业出版社，2023.6
ISBN 978-7-121-45509-4

Ⅰ. ①软… Ⅱ. ①顾… Ⅲ. ①软件－测试 Ⅳ. ①TP311.55

中国国家版本馆 CIP 数据核字（2023）第 075605 号

责任编辑：李淑丽
印　　刷：天津千鹤文化传播有限公司
装　　订：天津千鹤文化传播有限公司
出版发行：电子工业出版社
　　　　　北京市海淀区万寿路 173 信箱　　　　邮编：100036
开　　本：720×1000　1/16　印张：19.75　　字数：374 千字
版　　次：2023 年 6 月第 1 版
印　　次：2023 年 6 月第 1 次印刷
定　　价：89.00 元

凡所购买电子工业出版社图书有缺损问题，请向购买书店调换。若书店售缺，请与本社发行部联系，联系及邮购电话：(010) 88254888，88258888。

质量投诉请发邮件至 zlts@phei.com.cn，盗版侵权举报请发邮件至 dbqq@phei.com.cn。

本书咨询联系方式：(010) 51260888-819，faq@phei.com.cn。

推荐语

本书是顾老师根据多年的测试实战经验提炼而成的，架构体系化强，着眼于一线实际问题的解决，是软件测试工程师的案头必备书。

银行业产品管理、项目管理和知识管理专家　于兆鹏

见到顾老师的这本书，不禁眼前一亮，能够把单元测试由浅入深地讲清楚的专家为数不多。但是顾老师靠着扎实的测试功底和经验，站在全局的角度，从理论基础，到工具使用，再到案例分享，实实在在地把单元测试的内容讲得明明白白，具有很高的参考与学习价值，实属不易。

齐鲁物联网测试中心　李龙

单元测试在开发领域中占据着重要的地位，也是项目整个生命周期中非常重要的环节，可以有效地推进软件质量交付。本书由浅入深，从单元测试基础入门，覆盖Java、Python、C 语言及利用各种语言的主流测试框架进行单元测试，引入测试驱动开发及对应语言的覆盖率工具，使用 Jenkins 集成 SonarQube 并结合大量实战案例进行讲解，是软件测试人员入门单元测试的必备好书！

资深测试工程师　六哥（郎珑融）

单元测试在军工等高可靠性领域的受重视程度比较高，最近几年，随着敏捷的流行及单元测试框架的普及，其在互联网、金融等行业的应用也多了起来。本书从单元测试的基础知识到基于各类语言的单元测试方法和工具的使用，给读者展现了单元测试的全景图，值得业界从业者参考借鉴。

广州亿能测试技术服务有限公司咨询总监　陈能技

当前，单元测试作为业界的一种规范，关键不是要不要写，而是如何写。随着企业对软件开发质量、效率、成本要求的不断提高，单元测试除了能够驱动产品代码的优化，本身也需要不断重构，以保持高质量，减少维护成本。这就需要我们至少精通一种测试框架及相关的测试替身库，并熟练配合使用对应的覆盖率及语法规范检查工具。这本书从第 3 章起便分门别类地对这部分内容做了阐述，对每种框架和知识点娓娓道来，由此让我们看到了作者的良苦用心，也看到了作者深厚的测试功底。同时，书中还将变异测试、测试用例自动生成等工具作为单元测试的补充，不失为一本测试入门者的指导书、测试从业者的工具书。

上海东方证券资产管理有限公司信息技术部总监　徐泽南

确保软件供应链的安全已经在全球达成共识，这也促使软件测试领域越来越关注软件的安全测试。本书不仅详细介绍了如何实现软件单元测试，而且对如何对软件安全层面的错误测试进行了介绍。这些内容无论是对软件测试从业者扩大就业视野，还是对从事网络空间安全行业的读者进一步深入了解软件的构造，都具有参考价值。

麟学堂网络空间安全教育专家　张妤

本书从多角度详细介绍了单元测试的生命周期，以及单元测试在各个场景下的实际应用，读完后能够更加深刻地理解单元测试对产品质量的重要性。认识顾老师多年，深切感受到需要很多年的专业技术和强大的理论支撑才得以完成本书的创作，"冰冻三尺，非一日之寒"。本书非常适合想要了解单元测试或者想要做单元测试的人员。

软件测试图书作者、测试技术评委、技术社区贡献者　金鑫

与顾翔老师结识多年，他一直专注于软件测试领域，积累了非常丰富的实战经验。这本书实操性非常强，可以帮助新人快速上手，并尝试进行测试驱动开发、持续集成等。我从事敏捷教练工作十余年，经常和技术教练搭档，组织代码道场，结对编程，努力让测试驱动开发成为程序员的工作习惯，这对于质量的提升立竿见影。我相信，这本书能让团队快速掌握单元测试框架和工具的使用，实践测试驱动开发和依赖隔离，实现持续集成流水线。这本书就是团队身边的"技术教练"。

企业级敏捷教练　古月

作为敏捷教练，我有机会深入不同的研发团队，了解到他们面临的一个典型的挑战：质量问题比较多，产生的影响大。常见的场景是尽管研发团队发版前加班加点修复缺陷和测试，上线后依然有不少问题，小则被业务人员埋怨，大则影响客户体验，甚至影响公司业绩。然而，如何自信地写出正确的代码这个问题，依然是一个不小的挑战。单元测试是专业软件工程师的必备入门工具，在现实工作中能真实有效地帮助他们写出正确的代码。回到初心，希望本书能够帮助新人快速了解和学习单元测试的概念与常用的使用方法。书中介绍了常用语言（C、Java、Python）的单元测试框架和相关工具，同时也覆盖日常工作中常见的单元测试问题。比如，如何评价单元测试质量、如何测试驱动开发、如何依赖隔离，以及如何与流水线集成等。这本书针对这些问题和场景的解决方案，可以帮助新人为进一步深入开展工作打下很好的基础。

团队敏捷教练　张亚光

很欣喜地看到顾老师这本有关单元测试的新书，很多公司一直在推行单元测试，但能够进行系统实践的不多。这本书较为详细地介绍了常见语言的单元测试实际案例，对单元测试的落地有很大的帮助，值得一读。

拉勾教育，《说透性能测试》作者　周辰晨

序

客观来说，对于软件开发的效率和质量，单元测试和使用版本控制系统（如 Git 和 SVN）是同等重要的。充分的单元测试，是提升软件质量、降低开发成本的必由之路。单元测试是所有测试中的底层环节，也是最重要的一个环节，是整个软件测试过程的基础和前提。众所周知，软件缺陷发现得越晚，修复费用就越高，而且具有呈指数增长的趋势。

但是，在软件开发的实践过程中，一旦编码完成，开发人员总是会迫切希望进行软件的集成工作，这样他们就能够看到实际的系统开始启动工作了。而单元测试这样的活动就容易被看作是通往这个阶段道路上的障碍，推迟了对整个系统进行联调这种真正有意义的工作启动时间。为了让单元测试目标和策略更加明确，流程更加正规，相应的单元测试计划、单元测试用例和代码覆盖率的统计也必不可少。在单元测试推动产品内在质量提升的工程中，需要软件开发人员对单元测试有真实且全面的认识，从而结合产品开发的实际情况，选择合适的单元测试框架和工具，把单元测试的作用和效果真正落实到软件开发的早期环节中。

顾翔老师所著的《软件单元测试》一书从为单元测试"正名"开始，结合金字塔模型和精准测试全面阐述了单元测试的重要性。同时，作为一名在软件测试领域有着二十多年实践、管理和教学培训经验的导师，顾翔老师在本书中运用大量实例，深入浅出地介绍了单元测试的各种概念、案例设计，以及工具的安装和使用方法。对于软件开发人员来说，如果养成了对自己写的代码进行单元测试的习惯，不但可以写出高质量的代码，而且能提高编程水平。相信通过阅读本书，你一定能从中有所收获，受到启发。

最后，分享顾翔老师关于读书的一个精妙比喻："读书就像旅游，精读就像自由行，泛读就像跟团游。精读是为了掌握专业的某种技能，泛读是为了扩大自己的知识广度；跟团游是为了增大自己的旅游范围，自由行是为了深入了解当地的文化。其实测试也是如此，对于同一款产品进行广度测试与对某个模块进行深度测试都不可缺少。"要想成为一名优秀的软件开发或测试人员，我们需要不断地学习和积累，不断地思考与实践。Let's learn every day to be at the top of our professions！

爱立信网络产品部路由器测试经理　皮晓蕾

2023 年 2 月

前　言

软件测试阶段包括单元测试、集成测试、系统测试和验收测试。在单元测试阶段中一旦发现缺陷，很容易修改；而在系统测试或者验收测试阶段发现缺陷，就需要测试人员通过缺陷管理工具报告给开发人员，为了让开发人员能够快速、准确地定位缺陷，测试人员需要在缺陷报告中准确书写发现问题的版本、产生错误的步骤和缺陷的内容（有时候需要附上截图或日志信息）。开发人员通过缺陷报告找到问题所在的代码行进行修复，重新编译后再给测试人员进行复测。如果测试通过，则关闭缺陷修复流程，否则描述问题，重新让开发人员修改。这个过程是非常耗时、耗力的，可见单元测试在软件研发中是非常有效的。但是单元测试也不是万能的，针对业务逻辑的缺陷，在单元测试阶段是很难被发现的，只有在系统测试或验收测试阶段才可以进行验证。

在我刚毕业的年代，单元测试往往是运行程序中的主函数（比如 C 语言中的 main() 函数），通过打印语句或者监控变量的值用半手工的方式进行验证，但是这种方式用完就被丢弃了，不能很好地被保留下来。随着 XUnit 框架及代码扫描工具的出现，单元测试变得越来越容易，单元测试代码也可以被重复使用。随着敏捷和 DevOps 的出现，迭代变得越来越频繁，单元测试代码、代码扫描工具的复用也变得越来越频繁，特别是随着 TDD（Test Driver Developed，测试驱动开发）的提出，单元测试越来越被人们所重视。

针对一段产品代码，需要匹配的单元测试代码可能是代码本身的数倍或者数十倍，这也是很多人知道单元测试的重要性，但是因为时间紧迫，把单元测试阶段忽略的原因。我的建议是，可以把产品分为以下五类。

1. To C 的互联网产品。

2. To B 的互联网产品。

3. 传统的非嵌入式软件产品，如 ERP、财务、CRM、管理等软件产品。

4. 传统的嵌入式软件产品。

5. 安全级别的软件产品，如部分金融、医疗、航空、航天软件产品。

针对第 1、2 类和部分第 3 类产品可以减少单元测试的数量，采用纺锤形测试模型或者蜂巢形测试模型，增加接口测试的数量。

针对第 3、4 类产品采用金字塔测试模型，测试覆盖率尽可能满足分支覆盖、条件/分支覆盖和路径覆盖，而对于嵌入式产品还需要考虑控制流覆盖。

针对第 5 类产品采用金字塔测试模型，测试覆盖率尽可能满足分支覆盖、条件/分支覆盖、路径覆盖，而对于关键模块必须考虑 MC/DC。

本书第 1 章与第 2 章介绍软件单元测试的概念和基础知识。

- 第 1 章简单介绍软件单元测试所包含的概念，包括桩对象和测试驱动函数、测试驱动开发、软件测试贯彻始终、软件测试金字塔、单元测试在传统/敏捷开发模式中的地位、精准测试、单元测试和白盒测试，以及单元测试的 FIRST 原则和 AIR 原则。

- 第 2 章介绍软件单元测试基础知识，包括动态自动化/手工单元测试、静态自动化/手工单元测试。在动态自动化单元测试中介绍了语句覆盖、分支覆盖、条件覆盖、条件/分支覆盖、MC/DC、路径覆盖和控制流覆盖。

第 3 章到第 5 章介绍 C 语言、Java 语言和 Python 语言的单元测试框架。

- 第 3 章介绍 C 语言动态自动化单元测试框架，包括在 Windows 下安装 C 语言运行环境、在 Windows 和 Linux 下安装编译 CUnit、查看测试报告、CUnit 介绍和案例。

- 第 4 章介绍 Java 语言动态自动化单元测试框架，包括在 Eclipse 中创建 Maven 项目和配置 JUnit 与 TestNG 运行环境、JUnit 4 测试框架、JUnit 5 测试框架、TestNG 测试框架、测试替身、变异测试、利用 EvoSuite 自动生成测试用例，以及在 Jenkins 中配置 JUnit 4、JUnit 5、TestNG 和 Allure。

- 第 5 章介绍 Python 语言动态自动化单元测试框架，包括 unittest、Pytest 及 Python 的模拟对象和变异测试工具 mutpy。

第 6 章与第 7 章介绍代码覆盖率工具和代码语法规范检查工具。

- 第 6 章介绍代码覆盖率工具，包括 C 语言覆盖率工具 gcov 和 lcov、Java 语言覆盖率工具 JaCoCo，以及 Python 语言覆盖率工具 Coverage 和 pytest-cov。

- 第 7 章介绍代码语法规范检查工具，包括 Java 语言静态分析工具 PMD、Python 语言静态分析工具 flake8 和 pylint，以及多代码语法规范检查平台 SonarQube。

第 8 章通过两个案例详细介绍 TDD。

读者可以根据自己的需求对以上内容进行选择性阅读或者全部阅读。另外，为了巩固大家的学习效果，每一章结尾都有相应的习题。

作 者

目　录

第1章　软件单元测试简介

软件单元测试分为狭义的单元测试和广义的单元测试。前者是指对被测代码的各种函数、接口等进行测试，以验证它们的功能、性能和安全性。后者是指对页面的每一个组件（如文本框、按钮等）进行测试，以验证它们的功能、性能和安全性，有时也被称为组件测试。本书介绍的单元测试是指狭义的单元测试。

1.1　桩对象和测试驱动函数

参考如下代码：

```
void function_A(){
    …
    function_B();
    …
}

int function_B(){
    …
    int a = function_C();
    int b = function_D();
…
    return a+b;
}

int function_C(){
    int x=0;
int y=0;
    …
    return x*y;
    …
}

int function_D(){
    int a=100;
    …
    return a^2;
    …
}
```

其中，函数 function_A()调用 function_B()，function_B()又调用 function_C()和 function_D()。如果被测函数是 function_B()，就需要模拟一个函数 function_A()来调用 function_B()，解决这个问题的方法通常是使用动态自动化单元测试框架。比如采用 CUnit，代码如下：

```
void test_process_1(void){
    CU_ASSERT(function_B()==24);
}
```

这个被测函数 test_process_1()叫作测试驱动函数。又因为函数 function_B()调用了 function_C()和 function_D()，所以要测试函数 function_B()，就需要编写两个函数来模拟 function_C()和 function_D()，代码如下：

```
int function_B(){
    …
    int a = stub_C();
    int b = stub_D();
    …
    return a+b;
}

int stub_C(){
    return 50;
}

int stub_D(){
    return 20;
}
```

其中，这两个函数被称为桩对象（也被称为测试桩），它是测试替身的一种，用于替换真实协作者的对象，在第 4.6 节会详细介绍。

1.2　测试驱动开发

传统的软件开发方式是先写产品代码，再写测试代码，最后用测试代码来验证产品代码。但是在敏捷方法中，特别是敏捷中的极限编程鼓励进行测试驱动开发，即先写测试代码，再写产品代码，最后对代码进行重构。其好处是能够充分考虑程序需要处理的正常场景和异常场景，尽可能一次性地写出正确的产品代码，从而提高开发效率。本书在第 8 章会详细介绍测试驱动开发。

1.3　软件测试应该贯彻始终

在 DevOps 下鼓励软件测试贯彻始终，即软件测试的左移和右移。针对单元测试，主要考虑软件测试的左移，由于在开发阶段修改缺陷的代价非常小，因此建议尽可能做到让大部分缺陷在单元测试阶段被发现。测试左移是指代码静态和动态的自动化和手工测试，并且结合测试驱动开发让测试人员配合开发人员，尽可能保障产品的质量。测试右移是指在生产环境中进行软件测试，如全链路测试、混沌测试等。

1.4　软件测试金字塔

谈到软件测试金字塔，就不得不提到 Mike Cohn 版本的测试金字塔，如图 1-1 所示。Mike Cohn 认为开发一个软件产品需要最多的是单元测试，其次是接口测试，最后是 UI（User Interface，界面）测试。

在软件测试金字塔模型中，越往上需要集成得越多，修复缺陷的速度越慢，消耗的成本越高；反之，越往下需要集成得越少，修复缺陷的速度越快，消耗的成本越低。2009 年，在伦敦召开的 XP 日会议上，Google 发布了一份报告，报告指出：在单元测试阶段修复缺陷的成本为 5 美元，构建阶段修复缺陷的成本为 50 美元，集成测试阶段修复缺陷的成本为 500 美元，系统测试阶段修复缺陷的成本为 5000 美元。

根据 Mike Cohn 测试金字塔模型，Google 也提出了自己的测试金字塔模型，如图 1-2 所示。

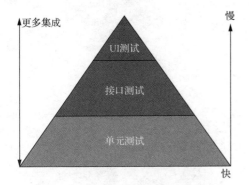

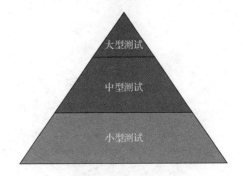

图 1-1　Mike Cohn 版本的软件测试
金字塔模型

图 1-2　Google 版本的软件测试
金字塔模型

我们可以认为单元测试为小型测试，接口测试为中型测试，UI 测试为大型测试，可见 Mike Cohn 版本的软件测试金字塔模型与 Google 版本的本质上是一致的。

上面所述的软件测试主要是指自动化测试，而探索式测试也是不可被忽略的。据统计，基于接口和 UI 的自动化测试在回归测试中占有重要作用，而探索式测试对于发现产品新功能中的缺陷起着至关重要的作用。因此，在 Mike Cohn 软件测试金字塔模型上加上探索式测试，就形成了图 1-3 所示的改进版的软件测试金字塔模型。

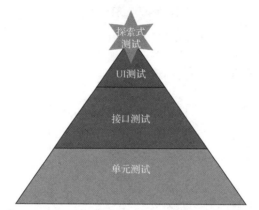

图 1-3　Mike Cohn 改进版的软件测试金字塔模型

单元测试的缺点是减缓研发的速度，特别是在产品初期，这显然不符合互联网公司提出的"快鱼吃慢鱼"的思想，由此提出缩小单元测试的规模，扩大接口测试的规模，故形成了蜂巢形模型或纺锤形模型，如图 1-4 和图 1-5 所示。

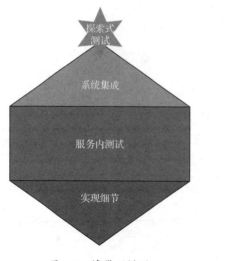

图 1-4　蜂巢形模型

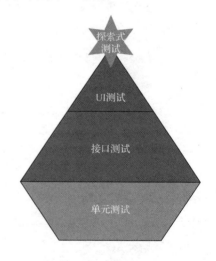

图 1-5　纺锤形模型

1.5　单元测试在传统开发模式中的地位

单元测试在传统开发模式中的地位，如图 1-6 所示。

在传统开发模式中，单元测试是验证编码的活动。

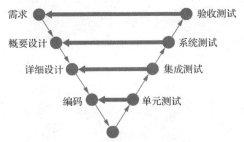

图 1-6　单元测试在传统开发模式中的地位

1.6　单元测试在敏捷开发模式中的地位

单元测试在敏捷开发模式中的地位，如图 1-7 所示。

图 1-7　单元测试在敏捷开发模式中的地位

单元测试属于支持团队的面向技术的测试。支持团队说明单元测试是在特性团队中进行的；面向技术表示单元测试的技术含量比业务含量要重。这里需要特别指出，单元测试不是不注重业务知识。

1.7　精准测试

精准测试把黑盒测试与白盒测试捆绑在一起，是由苏州洞察云技术有限公司的总经理赵明先生提出的。

1. 精准测试的优点

1）快速定位黑盒测试中的缺陷。通常，当在黑盒测试中发现缺陷时，测试工程师需要写缺陷报告，详细描述缺陷所处的环境和版本、发现缺陷的详细步骤和结果，以及截图或相关文件，目的是让开发人员能够快速定位产生缺陷的根本原因，从而快速修复。而有了精准测试后，一旦在黑盒测试中发现缺陷，就可以通过代码示波器查看最近运行的 20 段代码片段，从而快速帮助开发人员修复缺陷。

2）精准选取回归测试用例。在敏捷和 DevOps 时代，软件开发过程中的迭代变得非常频繁，我们如何选择回归测试用例？一种方法是全面回归，另一种方法是根据经验选取相关的测试用例。全面回归的缺陷是耗时耗力，根据经验选取相关的测试用例又不够精确，而精准测试可以快速分析新旧版本之间的关系，即新版本涉及旧版本中的哪些代码，并通过反向追溯定位到哪些测试用例应该回归，哪些测试用例可以不回归。

3）提高黑盒测试效率。黑盒测试往往开始会发现大量缺陷，后期很难发现更多的缺陷，而有了精准测试后，可以通过分析代码被覆盖的情况，对没有被覆盖的代码设计测试用例，从而提高黑盒测试效率。

4）有效对测试人员进行考核。针对开发人员，可以通过修复缺陷的平均时间等进行考核，但是业界对于测试人员的考核往往比较困难。而精准测试可以通过统计测试工程师设计/执行测试用例涉及有效代码行的覆盖率，从而对其进行有效的考核。

2. 精准测试的缺点

精准测试的缺点也是不可被忽略的。

1）精准测试严重依赖编程语言。当用另一种语言开发一套产品时，就需要另外一套精准测试系统。

2）精准测试仅仅对功能测试发现的缺陷的定位效果好。精准测试仅能定位到功能测试发现的缺陷所对应的代码，而对非功能测试（如性能测试）发现的缺陷进行定位有一定困难。现在，APM（Application Performance Monitor，应用性能监测）工具可以有效定位功能测试中发现的问题，比如可以分析影响功能的代码行、慢 SQL 等，但是对安全测试、可靠性测试等发现的缺陷还是无法精准定位。

3）精准测试对微服务架构的支持不太友好。针对微服务系统，一旦发现问题也很难定位是哪个服务中的哪段代码出现问题了。

4）精准测试无法定位业务漏洞。与传统的单元测试一样，针对由于开发人员没有理解业务而造成的缺陷，精准测试无法进行定位。

需要强调的是，当前许多人把 JaCoCo、APM、Diff 等也归属于精准测试工具的理念是错误的，这样的观点仅可以认为是精准化软件测试，而不是精准测试。精准测试的关键因素是紧密结合软件的白盒测试与黑盒测试。

1.8　单元测试和白盒测试

提及单元测试，大家往往容易将它与白盒测试混淆，认为单元测试就是白盒测试，其实它们是两个不同的概念。单元测试是相对于集成测试、系统测试、验收测试等测试阶段而言的；而白盒测试是相对于黑盒测试、灰盒测试等测试方法而言的。造成混淆的主要原因是，在单元测试阶段使用最多的是白盒测试技术。实际上，在系统测试阶段也可以使用白盒测试，比如精准测试。在单元测试阶段也可以使用黑盒测试，比如对函数进行测试，在不了解函数内部具体实现代码的情况下，探索不同输入产生的输出。另外，由于测试驱动开发中的测试阶段没有产品代码，因此这个阶段的测试应该属于单元级别的黑盒测试。

1.9 单元测试的 FIRST 原则和 AIR 原则

1. 单元测试的 FIRST 原则

F-Fast（快速性原则）：单元测试应该是可以快速运行的。在各种测试方法中，单元测试的运行速度最快，通常一个测试用例在几毫秒到几十毫秒内运行完毕。

I-Independent（独立性原则）：单元测试应该是可以独立运行的。单元测试用例互相无强依赖，对外部资源也无强依赖。

R-Repeatable（可重复性原则）：单元测试应该可以稳定重复地运行，并且每次运行的结果都是相同的。

S-Self Validating（自我验证性原则）：单元测试应该是用例自动进行验证的，不能依赖人工验证。

T-Timely（及时性原则）：单元测试必须及时进行编写、更新和维护，以保证用例可以随着业务代码的变化动态地保障质量。

2. 单元测试的 AIR 原则

Automatic（自动化原则）：单元测试应该是自动运行，自动校验，自动给出结果的。

Independent（独立性原则）：单元测试应该独立运行，互相之间无依赖，对外部资源无依赖，多次运行之间无依赖。

Repeatable（可重复性原则）：单元测试可重复运行，每次的结果都稳定可靠。

1.10 习题

函数 String merage(String,String)、String merage(int,String)、String merage(String,int) 和 String merage(int,int)实现的功能是合并两个字符串，如果参数是 int，则先把 int 转换为 String（比如将 11 转换为"11"），然后再进行合并，输出为合并后的字符串。请设计测试用例，测试以上 4 个函数。

第 2 章　软件单元测试基础知识

2.1　动态自动化单元测试

动态自动化单元测试是指利用单元自动化测试框架，如 CUnit、JUnit、TestNG、unittest、Pytest 等编写测试脚本，对被测代码进行测试的行为（CUnit、JUnit、TestNG、unittest 和 Pytest 在本书第 3、4、5 章进行详细介绍）。在动态自动化单元测试中，测试覆盖率是衡量测试用例好坏的一个重要指标，覆盖的种类包括语句覆盖、分支覆盖、条件覆盖、条件/分支覆盖、MC/DC（Modified Condition/Decision Coverage，修改条件/判断覆盖）、路径覆盖和控制流覆盖。下面将对这些覆盖进行详细介绍。

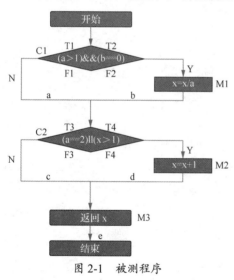

图 2-1　被测程序

2.1.1　被测程序

被测程序如图 2-1 所示。

两个判断语句：C1 和 C2。

三个普通语句：M1、M2 和 M3。

八个条件：T1、F1、T2、F2、T3、F3、T4 和 F4。

四条路径：L1：ace；L2：bce；L3：ade 和 L4：bde。

2.1.2　语句覆盖

语句覆盖又叫作行覆盖、段覆盖和基本块覆盖，是最常用的一种覆盖方式，度量被测代码中每个可执行语句是否被执行到。这里说的是"可执行语句"，因此不包括 C++的头文件声明、代码注释、空行等。

语句覆盖率的公式如下：

语句覆盖率=被执行到的语句数量/可执行的语句总数×100%

下面来看看各种情况下的语句覆盖。

1. 顺序语句

顺序语句中的语句覆盖率最简单，只要把其每条语句都覆盖到即可。针对下列代码：

```
int f(int a,int b){
    int c;
    c=a+b;
    return c;
}
```

语句覆盖率为 100% 的测试用例为 f(1,2)。

2. 没有 else 的判断语句

在没有 else 的判断语句中，只要执行 if 语句中的内容就可以了。针对下列代码：

```
int f(int a){
    int b=0;
    if (a>0){
      b=1;
    }
    return b;
}
```

语句覆盖率为 100% 的测试用例为 f(1)。

3. 有 else 的判断语句

在有 else 的判断语句中，既要执行 if 语句，也要执行 else 中的语句。针对下列代码：

```
int f(int a){
  int b=0;
    if (a>0){
      b=1;
    }else{
      b=2;
    }
  return b;
}
```

语句覆盖率为 100% 的测试用例为 f(1)（执行了 b=1 语句）和 f(0)（执行了 b=2 语句）。

4. 循环语句

在循环语句中，循环体内的语句必须有且有一次被运行。针对下列代码：

```
int f(int a){
    for(int i=0;i<=a;i++){
      …
      printf("hello",s);
      …
    }
    return i;
}
```

语句覆盖率为 100%的测试用例为 f(0)。在这里需要特别强调的是，测试用例在循环体内的语句最好有且只有一次被运行。这是因为循环体内的语句可能很长，如果让它执行两次、10 次，甚至更多次，单元测试的时间就会变得很长，而且意义不大。另外，单元测试的快速性原则也要求一个单元测试用例最好在几毫秒到几十毫秒内执行完毕。

5. 多条件语句

在多条件语句中，每个分支语句必须被执行一次。针对下列代码：

```
int f(int a){
    switch (a){
        case:1 {f1(); break;}
        case:2 {f2(); break;}
        case:3 {f3(); break;}
        case:4 {f4(); break;}
    }
}
```

语句覆盖率为 100%的测试用例为 f(1)、f(2)、f(3)和 f(4)。

6. 被测程序分析

假设 x=2、a=2、b=0，则

- 当通过 C1 进行判断时，(a>1)&&(b==0)代入数字(2>1)&&(0==0)可以推出(True&&True)，即 True，执行 b 分支和 M1 语句，x=x/a 代入数字得 x=2/2，即 x=1。
- 当通过 C2 进行判断时，(a==2)||(x>1)代入数字(2==2)||(1>1)可以推出(True||False)，即 True，执行 d 分支和 M2 语句，x=x+1 代入数字得 x=1+1，即 x=2。
- 最后执行 M3 语句，返回 x=2。

如表 2-1 所示。

表 2-1　语句覆盖测试用例

测试用例	输出	C1	C2	路径
x=2、a=2、b=0	x=2	True	True	L4

由此可见，只需要设计一个测试用例就可以使语句覆盖率达到 100%。

7. 语句覆盖的脆弱性

语句覆盖常常被认为是"最弱的覆盖"，因为它只负责覆盖代码中的执行语句，却不考虑各种分支的组合等。如果只要求达到语句覆盖，测试效果则的确不明显，很难发现代码中更多的问题，如下面的被测代码：

```
int divide(int a, int b){
```

```
    return a / b;
}
```

测试用例：a = 10，b = 5。

测试结果显示，代码覆盖率达到了 100%，并且所有软件测试用例都通过了。然而遗憾的是，测试却没有发现最简单的 Bug，如当 b=0 时，会抛出一个除以零的异常。

2.1.3 分支覆盖

分支覆盖又称为判定覆盖，就是通过设计若干测试用例运行被测程序，使得程序中每个判断的取真分支和取假分支各被执行一次。

分支覆盖率的公式如下：

分支覆盖率=被执行的分支数量/所有的分支数量×100%

下面介绍各种情况下的分支覆盖。

1. 没有 else 的判断语句

在没有 else 的判断语句中，既要执行 if 语句为 Ture 的情况，也要执行 if 语句为 False 的情况，这是分支覆盖与语句覆盖不同的地方。针对下列代码：

```
int f(int a){
    int b=0;
    if(a>0){
        b=1;
    }
    return b;
}
```

分支覆盖率为 100%的测试用例为 f(1)和 f(0)。

2. 有 else 的判断语句

在有 else 的判断语句中，同没有 else 的判断语句一样，既要执行 if 中的语句，也要执行 else 中的语句。针对下列代码：

```
int f(int a){
    int b=0;
    if(a>0){
        b=1;
    }else{
        b=2;
    }
    return b;
}
```

分支覆盖率为 100%的测试用例为 f(1)和 f(0)。

3. 循环语句

在循环语句中，循环体内的语句必须有且只有一次被执行。针对下列代码：

```
int f(int a){
    for (i=0;i<a;i++)printf("helle",s);
}
```

分支覆盖率为 100% 的测试用例为 f(1)。

4. 多条件语句

在多条件语句中，每个分支语句必须被执行一次，另外多条件语句还包括所有用例没有被覆盖到的一种情形。针对下列代码：

```
int f(int a){
    switch (a){
        case:1 {f1(); break;}
        case:2 {f2(); break;}
        case:3 {f3(); break;}
        case:4 {f4(); break;}
    }
}
```

分支覆盖率为 100% 的测试用例为 f(1)、f(2)、f(3)、f(4) 和 f(5)[不要遗漏 f(5)]。

5. 被测程序分析

假设 x=2、a=2、b=0，则

- 当通过 C1 进行判断时，(a>1)&&(b==0) 代入数字 (2>1)&&(0==0) 可以推出 (True&&True)，即为 True，执行 b 分支和 M1 语句，x=x/a 代入数字得 x=2/2，即 x=1。

- 当通过 C2 进行判断时，(a==2)||(x>1) 代入数字 (2==2)||(1>1) 可以推出 (True||False)，即为 True，执行 d 分支和 M2 语句，x=x+1 代入数字得 x=2。

- 最后执行 M3 语句，返回 x=2。

假设 x=1、a=1、b=1，则

- 当通过 C1 进行判断时，(a>1)&&(b==0) 代入数字 (1>1)&&(1==0) 可以推出 (False&&False)，即为 False，执行 a 分支，x=1。

- 当通过 C2 进行判断时，(a==2)||(x>1) 代入数字 (1==2)||(1>1) 可以推出 (False||False)，即为 False，执行 c 分支。

- 最后执行 M3 语句，返回 x=1。

通过这两组数据，该程序分支覆盖率就可以达到 100%，如表 2-2 所示。

表 2-2　分支覆盖测试用例

测试用例	输出	C1	C2	路径
x=2、a=2、b=0	x=2	True	True	L4
x=1、a=1、b=1	x=1	False	False	L4

6. 分支覆盖的优缺点

优点：分支覆盖具有比语句覆盖更强的软件测试能力，而且和语句覆盖一样很简单，无须细分每个判断就可以得到测试用例。

缺点：在一般情况下，大部分判断语句都由多个逻辑条件组合而成（如判断语句中包含 and、or、case），若仅仅判断其最终结果，而忽略每个条件的取值情况，则必然会遗漏部分软件测试路径。

在本例中，如果将(a==2)||(x>1)写成(a==2)||(x>=1)，则即使判断覆盖测试用例达到 100%，还是发现不了这个漏洞。

2.1.4　条件覆盖

在软件设计过程中，因为一个判断往往由多个条件组成，而分支覆盖仅考虑了判断的结果，没有考虑每个条件的可能结果，所以需要条件覆盖作为补充。

条件覆盖是指选择足够多的测试用例，当运行这些测试用例时，使判断中每个条件所有可能的结果至少出现一次。

条件覆盖率的公式如下：

条件覆盖率=被执行的条件数量/所有的条件数量×100%

1. 案例分析

案例代码如下：

```
int f (int a, int b){
  int c=0;
  if ((a>0)&&(b>0)){
   c=1;
  }else{
   c=2
  }return c;
}
```

表 2-3 为条件覆盖测试用例。

表 2-3　条件覆盖测试用例

a>0	b>0	测试数据
True	True	a=1、b=1
True	False	a=1、b=0
False	True	a=0、b=1
False	False	a=0、b=0

2. 条件覆盖率不可能总是达到 100%

在某些时候，条件覆盖率达不到 100%，如下列代码：

```
int f (int a){
  int c=0;
```

```
if ((a>0)&&(a<5)){
  c=1;
}else{
  c=2
}return c;
}
```

由表 2-4 可以看到，既要达到 a<=0，又要达到 a>=5 是不可能的。

表 2-4　条件覆盖率测试用例不一定达到 100%

a>0	a<5	软件测试数据
True	True	4
True	False	6
False	True	−1
False	False	?

3. 被测程序分析

假设 x=2、a=2、b=1，则

- 当通过 C1 进行判断时，(a>1)&&(b==0)代入数字(2>1)&&(1==0)可以推出 (True&& False)，即为 False，执行 a 分支。
- 当通过 C2 进行判断时，(a==2)||(x>1)代入数字(2==2)||(2>1)可以推出(True || True)，即为 True，执行 d 分支和 M2 语句，x=x+1 代入数字得 x=2+1，即 x=3。
- 最后执行 M3 语句，返回 x=3。

假设 x=1、a=1、b=0，则

- 当通过 C1 进行判断时，(a>1)&&(b==0)带入数字(1>1)&&(0==0)可以推出 (False && True)，即为 False，执行 a 分支。
- 当通过 C2 进行判断时，(a==2)||(x>1)代入数字(1==2)||(1>1)可以推出(False || False)，即为 False，执行 c 分支。
- 最后执行 M3 语句，返回 x=1。

这时，测试得到的条件判断情形分别为 F1、T2、F3、T4。经过以上测试用例，T1、T2、T3、T4、F1、F2、F3、F4 都被执行了一次，条件覆盖率达到了 100%，如表 2-5 所示。

表 2-5　条件覆盖测试用例

测试用例	输出	原子条件	路径
x=2、a=2、b=1	x=3	T1、F1、T3、T4	L2
x=1、a=1、b=0	x=1	F1、T2、F3、F4	L1

4. 条件覆盖率的缺陷

可以看出，这里虽然条件覆盖率达到了 100%，但是语句覆盖率没有达到 100%，

M1 语句没有被执行。为了弥补分支覆盖的不足及条件覆盖的不充分，出现了条件/分支覆盖。

2.1.5 条件/分支覆盖

条件/分支覆盖是指通过设计足够多的测试用例，使得判断中每个条件的所有可能取值至少被执行一次，同时每个判断的所有可能判断结果至少被执行一次，即要求各个判断的所有可能的条件取值组合至少被执行一次。

被测程序分析：

假设 x=2、a=2、b=1，则

- 当通过 C1 进行判断时，(a>1)&&(b==0)代入数字(1>1)&&(1==0)可以推出 (False && False)，即为 False，执行 a 分支。
- 当通过 C2 进行判断时，(a==2)||(x>1)代入数字(2==2)||(2>1)可以推出(True || True)，即为 True，执行 d 分支和 M2 语句，x=x+1 代入数字得 x=2+1，即 x=3。
- 最后执行 M3 语句，返回 x=3。

假设 x=2、a=4、b=0，则

- 当通过 C1 进行判断时，(a>1)&&(b==0)代入数字(4>1)&&(0==0)可以推出 (True && True)，即为 True，执行 b 分支和 M1 语句，x=x/a 代入数字得 x=2/4，即 x=0.5。
- 当通过 C2 进行判断时，(a==2)||(x>1)代入数字(4==2)||(0.5>1)可以推出(False || False)，即为 False，执行 c 分支。
- 最后执行 M3 语句，返回 x=0.5。

可以看到，8 个条件都达到了，即包含 T1、T2、T3、T4、F1、F2、F3 和 F4。两个判断 True 和 False 也达到了 C1=True，False;C2=True，False。由此，既达到了分支覆盖率为 100%，也达到了条件覆盖率为 100%，如表 2-6 所示。

表 2-6 条件/分支覆盖测试用例

测试用例	输出	原子条件	M1	M2	路径
x=2、a=2、b=1	X=3	F1、F2、T3、T4	False	True	L3
x=2、a=4、b=0	X=0.5	T1、T2、F3、F4	True	False	L2

2.1.6 MC/DC

根据百度百科的定义，MC/DC 是用在航空航天安全软件文件 DO-178B 中的一种白盒测试方式，可以判断 A 等级的软件是否已经经过适当的软件测试。

条件（Condition）和判断（Decision）的概念：

```
if (A || B && C){
    Statement1;
}else{
    Statement2;
}
```

其中，A、B、C 都是条件，（A || B && C）为判断。如果其是条件覆盖，只需要两个用例就够了，即让（A || B && C）为 True 和 False 各执行一次。

- A=True、B=False、C=True。
- A=False、B=True、C=False。

如果是 MC/DC，要想使覆盖率达到 100%，就需要 4 个用例，下面来看看这 4 个测试用例是如何得到的？MC/DC 测试在每个判断中的每个条件都曾经独立影响判断结果至少一次（独立影响是指在其他条件不变的情况下，改变其中一个条件）。

分析下面判断语句。

```
A || B && C
```

- A 单独起作用，即当 A= False 时，A || B && C= False；当 A=True 时，A || B && C=True，因此只需要 B && C= False。设 B= False、C= True，这样，当 A= False 时，B && C= False => False || False = False；当 A=True 时，B && C= True => True || False = True。测试用例：A=True、B= False、C= True；A=False、B= False、C= True。

- B 单独起作用，即当 B= False 时，A || B && C= False；当 B=True 时，A || B && C=True，因此只需要 A= False、C= True。这样，当 B= False 时，A || B && C => False || False && True => False；当 B=True 时，A || B && C => False ||True && True => True。测试用例：A= False、B=True、C= True；A= False、B= False、C= True。

- C 单独起作用，即当 C= False 时，A || B && C= False；当 C=True 时，A || B && C=True，因此只需要 A || B = True。设 A= False、B= True，这样，当 C= False 时，A || B = True => True&&False = False；当 C=True 时，A || B = True=> True || True = True。测试用例：A= False、B= True、C=True；A= False、B= True、C= False。

将这些测试用例汇集成表 2-7。

表 2-7　MC/DC 测试用例

A	B	C	组合 1	组合 2
True/False	False	True	True、False 、True	False、False、True
False	True/False	True	False、True、True	False、False、True
False	True	True/False	False、True、True	False、True、False

由于（False、False、True）与（False、True、True）的情形均有两对相同的组合，分别为第 1 行的组合 2 和第 2 行的组合 2，以及第 2 行的组合 1 和第 3 行的组合 1，各自去掉一对，因此，最后的测试用例如下。

- A=True，B=False，C=True。
- A=False，B=False，C=True。
- A=False，B=True，C=True。
- A= False，B=True，C=False。

需要进一步补充说明的是，MC/DC 的主要作用是防止在组合条件表达式中包含副作用，见以下语句。

```
if (a()|| b()|| c()){ ... }
```

其中，当 b()函数或 c()函数产生副作用时，MC/DC 非常必要，因为原则上不应该在组合条件表达式中调用产生副作用的函数。

2.1.7　路径覆盖

路径覆盖是指通过选取足够多的软件测试数据，使程序的每条可能路径都至少被执行一次（如果程序流程图中有环，则要求每个环至少经过一次）。

路径覆盖率的公式如下：

路径覆盖率=被执行的路径数量/所有的
路径数量×100%

在图 2-2 所示的程序中，4 条路径分别为（1，3）、（1，4）、（2，3）和（2，4）。为了让路径覆盖率达到 100%，设计了表 2-8 所示的测试用例。

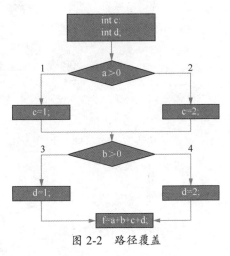

图 2-2　路径覆盖

表 2-8　路径覆盖测试用例

a	b	覆盖路径
1	1	1，3
1	0	1，4
0	1	2，3
0	0	2，4

图 2-1 中被测程序的分析结果，如表 2-9 所示。

表 2-9　路径覆盖测试用例

x	a	b	a>1	b==0	a==2	x>1	路径	返回 x
1	2	0	True	True	True	False	L4	1.5
0	4	0	True	True	False	False	L2	0
1	2	1	True	False	True	False	L3	2
0	1	1	False	False	False	False	L1	0

2.1.8　几种覆盖率的强弱关系

以上 6 种覆盖率的强弱关系，如图 2-3 所示。

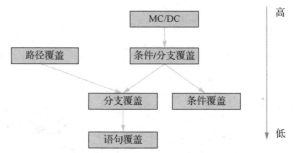

图 2-3　白盒测试中各种覆盖率的强弱关系

分支覆盖率达到 100%，语句覆盖率一定达到 100%；条件/分支覆盖率达到 100%，分支覆盖率一定达到 100%；MC/DC 的覆盖率达到 100%，条件/分支覆盖率一定达到 100%。但是当路径覆盖率达到 100% 时，分支覆盖率可达到 100%，条件/分支覆盖率不能达到 100%，比如表 2-9 中，虽然路径覆盖率达到了 100%，但是 x>1 始终为 False。

2.1.9　控制流覆盖

控制流覆盖经常被用在嵌入式软件系统中，如图 2-4 所示的例子。

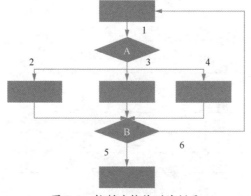

图 2-4　控制流软件测试例子

首先，

- 对经过 A 点的线进行排序：{1,2}、{1,3}、{1,4}、{6,2}、{6,3}、{6,4}。
- 对经过 B 点的线进行排序：{2,6}、{3,6}、{4,6}、{2,5}、{3,5}、{4,5}。

然后，总体排序为{1,2}、{1,3}、{1,4}、{2,5}、{2,6}、{3,5}、{3,6}、{4,5}、{4,6}、{6,2}、{6,3}、{6,4}。

接下来，依次将从分支 1 开始到分支 5 结束的连续序列作为一个序列输出，输出过的分支组从序列中删除，一直到把所有序列都输出完毕，如表 2-10 所示。

表 2-10　控制流覆盖过程

操作	输出
选择：{1,2}、{2,5} {1,2}、{1,3}、{1,4}、{2,5}、{2,6}、{3,5}、{3,6}、{4,5}、{4,6}、{6,2}、{6,3}、{6,4}	{1,2,5}
选择：{1,3} {3,5} {1,2}、{1,3}、{1,4}、{2,5}、{2,6}、{3,5}、{3,6}、{4,5}、{4,6}、{6,2}、{6,3}、{6,4}	{1,3,5}
选择：{1,4} {4,5} {1,2}、{1,3}、{1,4}、{2,5}、{2,6}、{3,5}、{3,6}、{4,5}、{4,6}、{6,2}、{6,3}、{6,4}	{1,4,5}
选择：{1,2} {2,6} {6,2} {2,5} {1,2}、{1,3}、{1,4}、{2,5}、{2,6}、{3,5}、{3,6}、{4,5}、{4,6}、{6,2}、{6,3}、{6,4}	{1,2,6,2,5}
选择：{1,3} {3,6} {6,4} {4,6} {6,3} {3,5} {1,2}、{1,3}、{1,4}、{2,5}、{2,6}、{3,5}、{3,6}、{4,5}、{4,6}、{6,2}、{6,3}、{6,4}	{1,3,6,4,6,3,5}

最后，得到五个测试用例：{1,2,5}、{1,3,5}、{1,4,5}、{1,2,6,2,5}、{1,3,6,4,6,3,5}。

特别需要指出，即使软件代码的各种覆盖率都达到了 100%，也并不能说明产品的质量就非常优秀，比如代码没有实现用户需求；另外，软件代码的覆盖率没有达到 100%，也不能说明产品的质量不好，比如代码中存在无效代码或者永远执行不到的代码。当然，对于这些代码应该及时删除。

2.2　静态自动化单元测试：代码扫描

代码扫描是指利用代码扫描工具中已经定义好的规则对代码进行扫描，从而发现代码中隐藏的问题。代码扫描工具一般包括 Java 语言的 PMD 工具、Python 语言的 flake8 和 pylint 工具、Parasoft 的 C/C++test 工具、著名的多代码语法规范检查平台 SonarQube 等。本书将在第 7 章介绍 PMD、fake8、pylin 和 SonarQube 代码扫描工具。代码扫描往往遵循业界的一些规范，比如 MISRA C/C++编码规范、Oracle 公司制定的 Java 编码规范等。一段通过编译的代码不一定是一段好的代码，如下：

```
int f(int a){
    switch (a){
        case:1 {f1();break;}
        case:2 {f2();break;}
```

```
        case:3 {f3();break;}
        case:4 {f4();break;}
    }
}
```

试想一下，如果这里的 a 在运行过程中的值为 5，程序应该如何去处理呢？也许会因为找不到下面处理的函数而造成程序中断，所以建议改为：

```
int f(int a){
    switch (a){
        case:1{f1();break;}
        case:2{f2();break;}
        case:3{f3();break;}
        case:4{f4();break;}
        default:f5();
    }
}
```

大部分编码规范都要求所有的 if 语句必须有 else 语句；所有的 switch 语句必须有 default 语句，就是这个道理。

再看下面的代码：

```
System.out.println("Start to…");
```

如果产品对性能要求比较高，这段代码会不会影响性能？可以将上面代码改为：

```
info.log("Start to…");
```

即通过调试 log 信息级别开关，判断是否输出这段信息。

2.3　手工单元测试：代码调试

代码调试是指在开发代码时对代码进行调试，就是经常说的 Debug，代码调试往往与代码开发一起进行。

2.4　手工单元测试：代码评审

通过上面的测试方法，有时候仍不能很好地控制产品的质量，还需要进行代码评审。代码评审是单元测试中很重要的一个环节，通过代码评审，团队成员可以互相学习，因为很多代码规范，特别是公司内定义的一些规范及产品中容易出现的错误，这些是工具不可能做到的。

2.5　单元测试中的问题

单元测试中的问题可以分为功能问题、性能问题、安全问题等。

2.5.1　功能层面的问题

1. 语法特征问题

如下：

```
void myfuction(void){
    int a[5];
    a[5]=93;
}
```

其中，因为 int a[5] 数组的取值必须为 a[0]、a[1]、a[2]、a[3]、a[4]，所以 a[5]=93 是不对的。

2. 边界行为的特征问题

如下：

```
float Division(int a,int b){
    return a/b;
}
```

其中，没有考虑 b=0 的情形。

3. 基于经验特征的问题

如下：

```
if(b=a){
    //do something
}else{
    //do other thing
}
```

其中，b=a 应该改为 b==a。

```
char getName(int age){
…}
function b(){
…
 getName(200);
…}
```

其中，年龄为 200 不符合常识。

4. 算法错误

原本：

```
y=a*b+c;
```

写成：

```
y=a*(b+c);
```

5. 部分算法错误

如下：

```
Int add(int a,int b){
    return a+b;
}
```

如果 a+b 超出 int 的边界系统就会发生错误。

2.5.2 性能层面的问题

如果时间复杂度或空间复杂度过高就会影响代码的性能。

1. 时间复杂度

时间复杂度从简单到复杂依次排序：常数阶 $O(1)$、对数阶 $O(logN)$、线性阶 $O(n)$、线性对数阶 $(nlogN)$、平方阶 $O(n^2)$、立方阶 $O(n^3)$、K 次方阶 $O(n^k)$、指数阶 $O(2^n)$。

比如，当下面代码的时间复杂度达到 $O(1000^3)$ 级别时，势必会影响代码的性能。

```
void myfuction(void){
    for(int i=0;i<=1000){
        for(int j=0;i<=1000){
            for(int k=0;i<=1000){
                do something;
            }
        }
    }
}
```

2. 空间复杂度

空间复杂度从简单到复杂依次排序：常数阶 $O(1)$、线性阶 $O(n)$、平方阶 $O(n^2)$。

比如，当下面代码的空间复杂度太大，达到 $O(1000)$ 级别时，势必会影响代码的性能。

```
void test_struct(void){
    char *name="Cindy Zhang";
    int age=34;
    char *phone="13675437367";
    char *email="cindy443@126.com";
    struct person p[1000] ={ createStruct(name,age,phone,email)};
}
```

2.5.3 安全层面的问题

1. 前端安全漏洞

index.html：

```
…
<form action="jap/a.jsp">
```

```
<input type="text" name=" username ">
<input type="submit" value="提交">
</form>
…
```

jap/a.jsp：

```
…
String username=request.getParameter("username");
out.println(username);
…
```

代码中存在 XSS 注入。

2. 后端安全漏洞

```
…
String SQL=select count(*)from user where username="+ username +" and
password="+ password;
…
```

代码没有使用预编译，存在 SQL 注入。

2.6　习题

针对下面的代码：

```
public class process {
    int myprocess(int x,int y,int z){
        int k=0;
        int j=0;
        if(x>3 && z<10){
            k = x*y-1;
            j = k * k;
        }
        if(x==4 || y>5){
            j=x*j+10;
        }
        j = j % 3;
        return k+j;
    }
}
```

设计测试用例，分别使覆盖率达到 100%的语句覆盖、分支覆盖、条件覆盖、条件/分支覆盖和路径覆盖。

第3章 C语言动态自动化单元测试框架

C 语言单元测试工具主要包括 PC-Lint，微软的 VcTester、Visual Unit，Parasoft 的 C++Test、CUnit、Google Test 等。本章详细介绍 CUnit。

3.1 在 Windows 下安装 C 语言运行环境

Windows 环境下不带 C 语言运行环境，如果需要在 Windows 下运行 C 语言，则要安装 C 语言的运行环境，这里介绍 MinGW（Minimalist GNU for Windows）和 MSYS2（Minimal SYStem 2）的安装。

3.1.1 安装配置 MinGW

MinGW 是一个可自由使用和自由发布的 Windows 特定头文件和使用 GNU 工具集导入的库的集合，它允许在 GNU/Linux 和 Windows 平台生成本地的 Windows 程序而不需要第三方 CRT（C Runtime）库。MinGW 是一组包含文件和端口库的工具。MinGW 的安装步骤如下。

1）安装 mingw-w64-install.exe，本书安装的版本是 8.1.0。

2）如果 Windows 是 32 位的，选择 i686；如果 Windows 是 64 位的，选择 x86_64。

3）配置环境变量 MINGW_HOME。本书中的%MINGW_HOME%如下：

```
C:\mingw-w64\x86_64-8.1.0-posix-seh-rt_v6-rev0\mingw64\
```

在 PATH 中加入：

```
%MINGW_HOME%①\bin\
%MINGW_HOME%\include\
```

4）打开命令行，运行如下命令：

```
C:\Users\xiang>gcc -v
Using built-in specs.
COLLECT_GCC=gcc
```

---

① 本书使用%SOFTWAEW_HOME %来表示软件的 HOME 目录，下同。

```
COLLECT_LTO_WRAPPER=C:/mingw-w64/x86_64-8.1.0-posix-seh-rt_v6-rev0/mingw64/
bin/../libexec/gcc/x86_64-w64-mingw32/8.1.0/lto-wrapper.exe
Target:x86_64-w64-mingw32
…
Thread model:posix
gcc version 8.1.0 (x86_64-posix-seh-rev0, Built by MinGW-W64 project)
```

当出现"gcc version 8.1.0 (x86_64-posix-seh-rev0, Built by MinGW-W64 project)"
时，表示安装成功。

3.1.2　安装配置 MSYS2

MSYS2 是 MSYS 的一个独立改写版本，主要用于 shell 命令行开发环境，可以
在 Windows 下执行 Linux 命令。同时，它也是一种在 Cygwin 和 MinGW-w64 基础上
产生的，为寻求更好的互操作性的 Windows 软件。安装步骤如下。

1）下载"msys+7za+wget+svn+git+mercurial+cvs-rev13.7z"。

2）解压下载的软件。

3）将解压后的文件复制到"%MINGW_HOME%"目录下。

3.1.3　安装配置 IDE

1. 安装 IDE

在 Linux 下可以使用 vi 和 gedit 编写 C 语言代码，在 Windows 下可以使用写字
板编写 C 语言代码，但是 Windows 中有许多优秀的 C 语言 IDE，这里以 Visual Studio
Code 和 LLVM 为例（对于 Windows 操作系统，下面默认 64 位）。

1）下载并且安装 Visual Studio Code：VSCodeUserSetup-x64-1.46.0.exe。

2）下载并且安装 LLVM：LLVM-9.0.0-win64.exe。如图 3-1 所示，注意选择将
LLVM 加入所有系统用户的系统路径中。

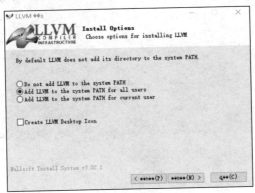

图 3-1　LLVM 安装界面

3）打开命令行，输入：

```
C:\MyC\process>clang
```

出现 clang:error:no input files，说明安装成功。

2. 安装插件

1）启动后安装中文插件。

在插件中找到"Chinese (Simplified) Language Pack for Visual Studio Code"并进行安装，如图 3-2 所示。

图 3-2　安装中文插件

2）安装支持 C/C++语言的插件。

在插件中找到"C/C++"并进行安装，如图 3-3 所示。

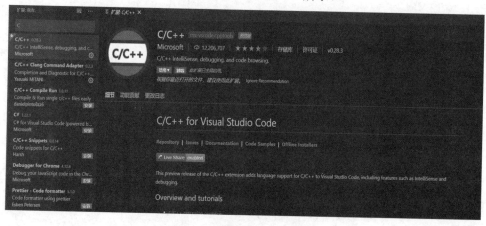

图 3-3　安装 C/C++语言插件

3）安装 Code Runner 插件。

在插件中找到"Code Runner"并进行安装，如图 3-4 所示。

图 3-4　安装 Code Runner 插件

4）安装 C+/C++ Clang 命令插件。

在插件中找到"C+/C++ Clang Command Adapter"并进行安装，如图 3-5 所示。

图 3-5　安装 C+/C++ Clang 命令插件

5）在工作目录下创建.vscode 文件夹，并在文件夹中创建如下模板文件，如图 3-6 所示。

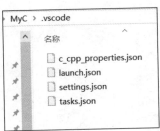

图 3-6　.vscode 文件夹

（1）c_cpp_properties.json：

```
{
    "configurations":[
        {
```

```
        "name":"MinGW",
        "intelliSenseMode":"gcc-x64",
        "compilerPath":"C:/mingw-w64/x86_64-8.1.0-posix-seh-rt_v6-rev0/
mingw64/bin/gcc.exe",
        "includePath":[
            "${workspaceFolder}"
        ],
        "defines":[],
        "browse":{
            "path":[
                "${workspaceFolder}"
            ],
            "limitSymbolsToIncludedHeaders":true,
            "databaseFilename":""
        },
        "cStandard":"c11",
        "cppStandard":"c++17"
    }
  ],
  "version":4
}
```

其 中 ，" C:/mingw-w64/x86_64-8.1.0-posix-seh-rt_v6-rev0/mingw64/ " 为 %MinGW_
HOME%目录。

（2）tasks.json：

```
// https://code.visualstudio.com/docs/editor/tasks
{
    "version":"2.0.0",
    "tasks":[
        {
            "label":"Compile",
            "command":"clang",
            "args":[
                "${file}",
                "-o",
                "${fileDirname}/${fileBasenameNoExtension}.exe",
                "-g",
                "-Wall",
                "-static-libgcc",
                "--target=x86_64-w64-mingw",
                "-std=c11" ,
            ],
            "type":"shell",
            "group":{
                "kind":"build",
                "isDefault":true
            },
            "presentation":{
                "echo":true,
                "reveal":"always",
```

```
                "focus":false,
                "panel":"shared"
            }
            // "problemMatcher":"$gcc"
        }
    ]
}
```

（3）launch.json：

```
// https://github.com/Microsoft/vscode-cpptools/blob/master/launch.md
{
    "version":"0.2.0",
    "configurations":[
        {
            "name":"(gdb)Launch",
            "type":"cppdbg",
            "request":"launch",
            "program":"${fileDirname}/${fileBasenameNoExtension}.exe",
            "args":[],
            "stopAtEntry":true,
            "cwd":"${workspaceFolder}",
            "environment":[],
            "externalConsole":true,
            "internalConsoleOptions":"neverOpen",
            "MIMode":"gdb",
            "miDebuggerPath":"gdb.exe",
            "setupCommands":[
                {
                    "description":"Enable pretty-printing for gdb",
                    "text":"-enable-pretty-printing",
                    "ignoreFailures":false
                }
            ],
            "preLaunchTask":"Compile"
        }
    ]
}
```

（4）settings.json：

```
{
    "files.defaultLanguage":"c",
    "editor.formatOnType":true,
    "editor.snippetSuggestions":"top",

    "code-runner.runInTerminal":true,
    "code-runner.executorMap":{
        "c":"cd $dir && clang $fileName -o $fileNameWithoutExt.exe -Wall -g -Og
-static-libgcc -fcolor-diagnostics --target=x86_64-w64-mingw -std=c11 &&
$dir$fileNameWithoutExt",
        "cpp":"cd $dir && clang++ $fileName -o $fileNameWithoutExt.exe -Wall -g
-Og -static-libgcc -fcolor-diagnostics --target=x86_64-w64-mingw -std=c++17 &&
```

```
      $dir$fileNameWithoutExt"
        },
        "code-runner.saveFileBeforeRun":true,
        "code-runner.preserveFocus":true,
        "code-runner.clearPreviousOutput":false,
        "C_Cpp.clang_format_sortIncludes":true,
        "C_Cpp.intelliSenseEngine":"Default",
        "C_Cpp.errorSquiggles":"Disabled",
        "C_Cpp.autocomplete":"Disabled",

        "clang.cflags":[
            "--target=x86_64-w64-mingw",
            "-std=c11",
            "-Wall",
            "-lcunit"
        ],
        "clang.cxxflags":[
            "--target=x86_64-w64-mingw",
            "-std=c++17",
            "-Wall",
            "-lcunit"
        ],
        "clang.completion.enable":true,
        "files.associations":{
            "sstream":"c",
            "typeinfo":"c",
            "array":"c",
            "string":"c",
            "string_view":"c",
            "algorithm":"c"
        }
}
```

3. 验证

创建文件 HelloWorld.c：

```c
#include <stdio.h>
int main(){
    printf("Hello World");
}
```

单击菜单"运行→以非调值模式运行"运行：

```
PS C:\Users\xiang> & 'c:\Users\xiang\.vscode\extensions\ms-vscode.
cpptools-1.13.7-win32-x64\debugAdapters\bin\WindowsDebugLauncher.exe'
'--stdin=Microsoft-MIEngine-In-0cous2n5.ty2' '--stdout=Microsoft-
MIEngine-Out-nusvphff.uwr' '--stderr=Microsoft-MIEngine-Error-iwpcqyvq.fic'
'--pid=Microsoft-MIEngine-Pid-blp34zz1.05e'
'--dbgExe=C:\mingw-w64\x86_64-8.1.0-posix-seh-rt_v6-rev0\mingw64\bin\gdb.ex
e' '--interpreter=mi'
Hello World
PS C:\Users\xiang>
```

3.2　安装编译 CUnit

3.2.1　在 Windows 下安装 CUnit

本书中的 Windows 命令均在 Windows 10 21H2 下验证通过。

1）下载 "CUnit-2.1-3.rar" 并解压到 C:\CUnit-2.1-3 目录下。

2）在%MinGW_HOME%\msys 下打开 msys.bat。

3）在 msys.bat 中依次运行如下命令：

```
cd C:\CUnit-2.1-3
$libtoolize
$automake --add-missing
$autoreconf
$./configure --prefix=/mingw
$make
$make install
```

4）复制%Mingw64_HOME%\msys\mingw\doc\CUnit\headers*.h 到%Mingw64_HOME%\include\目录下。

5）复制%Mingw64_HOME%\msys\mingw\lib\libcunit.a 到%Mingw64_HOME%\mingw64\lib\目录下。

6）进入工作目录（C:\MyC\process 为当前工作目录），运行如下命令：

```
C:\MyC\process>copy C:\CUnit-2.1-3\Share\*.dtd .\
C:\MyC\process>copy C:\CUnit-2.1-3\Share\*.xsl .\
```

3.2.2　在 Linux 下安装 CUnit

本书中的 Linux 命令均在 Ubuntu 18.04.6 下验证通过。

1）下载 "CUnit-2.1-3.tar.bz2" 并运行如下命令：

```
root@ubuntu:/#tar jxvf CUnit-2.1-3.tar.bz2
root@ubuntu:/#cd CUnit-2.1-3
root@ubuntu:/#aclocal //出现警告，不用理会
root@ubuntu:/#autoheader
root@ubuntu:/#autoconf
root@ubuntu:/#automake
root@ubuntu:/#automake --add-missing
root@ubuntu:/#libtoolize --automake --copy --debug --force
root@ubuntu:/#ls//查看是否生成 configure 文件。如果生成，则执行
root@ubuntu:/#./configure
root@ubuntu:/#ls//查看是否生成 makefile 文件。如果生成，则执行
root@ubuntu:/#automake --add-missing
root@ubuntu:/#make
root@ubuntu:/#sudo make install
```

```
root@ubuntu:/#ls/usr/local/lib/libcunit.so//查看是否成功
root@ubuntu:/#sudo ldconfig
```

2）进入工作目录/home/jerry/MyC 并运行如下命令：

```
root@ubuntu:/home/jerry/MyCcp#cp/CUnit-2.1-3/Share/C*.dtd ./
root@ubuntu:/home/jerry/MyCcp#cp/CUnit-2.1-3/Share/C*.xsl ./
```

3.2.3 创建被测文件和测试文件

被测文件是按照第 2.1.1 节中的被测程序编写的。头文件为 process.h：

```
extern int process(int x, int a, int b);
```

被测文件 process.c：

```c
#include <stdio.h>
#include "process.h"

int process(int x, int a, int b){
    if ((a>1)&& (b==0)){
        x=x/a;
    }
    if((a==2)|| (x>1)){
        x=x+1;
    }
    return x;
}
```

测试文件 test_main.c：

```c
1    #include <Basic.h>
2    #include <Console.h>
3    #include <CUnit.h>
4    #include <TestDB.h>
5
6    #include <stdlib.h>
7    #include "process.h"
8
9    void test_process_1(void){
10       CU_ASSERT(process(1,2,0)==1);
11   }
12
13   void test_process_2(void){
14       CU_ASSERT(process(0,4,0)==0);
15   }
16
17   void test_process_3(void){
18       CU_ASSERT(process(1,2,1)==2);
19   }
20
21   void test_process_4(void){
22       CU_ASSERT(process(0,1,1)==0);
23   }
```

```
24
25     CU_TestInfo tests[] = {
26         {"test 1", test_process_1 },
27         {"test 2", test_process_2 },
28         {"test 3", test_process_3 },
29         {"test 4", test_process_4 },
30         CU_TEST_INFO_NULL
31     };
32
33     int suite_init(void){
34         return 0;
35     }
36
37     int suite_clean(void){
38         return 0;
39     }
40
41     void suite_setup(void){
42     }
43
44     void suite_teardown(void){
45     }
46
47     CU_SuiteInfo suites[] = {
48         {"suite 1", suite_init, suite_clean, suite_setup, suite_teardown,
    tests},
49         CU_SUITE_INFO_NULL
50     };
51     int main(int argc, char* argv[]){
52         CU_ErrorCode err;
53         printf("init\n");
54         err = CU_initialize_registry();
55         if(err){
56             printf("CU_initialize_registry:%d\n", err);
57             return err;
58         }
59         printf("add suites and tests\n");
60         err = CU_register_suites(suites);
61         if(err){
62             printf("CU_register_suites:%d\n", err);
63         }
64         CU_pTestRegistry reg = CU_get_registry();
65         printf("CU_get_registry:%d/%d/%u\n", reg->uiNumberOfSuites,
    reg->uiNumberOfTests, (long)reg->pSuite);
66         printf("run auto\n");
67         CU_set_output_filename("TestProcess");
68         CU_list_tests_to_file();
69         CU_automated_run_tests();
70         printf("run basic\n");
71         CU_basic_set_mode(CU_BRM_VERBOSE)
72         CU_basic_run_tests();
73         CU_console_run_tests();
74         printf("end\n");
75         CU_cleanup_registry();
```

```
76        err = CU_get_error();
77        if(err){
78            printf("error:%d", err);
79        }
80        return err;
81    }
```

3.2.4 在 Windows 下运行测试文件

在 C 语言的工作目录下，运行如下命令：

```
C:\MyC\process>gcc process.c test_main.c -o test
-I/mingw-w64/x86_64-8.1.0-posix-seh-rt_v6-rev0/mingw64/include/
-L/mingw-w64/x86_64-8.1.0-posix-seh-rt_v6-rev0/mingw64/lib/ -lcunit -static
C:\MyC\process>test.exe
```

其中，

process.c：被测代码。

test_main.c：测试代码。

-o test：输出文件为 test.o。

-I/mingw-w64/x86_64-8.1.0-posix-seh-rt_v6-rev0/mingw64/include/：-I/后为 MinGW 的头文件目录。

-L/mingw-w64/x86_64-8.1.0-posix-seh-rt_v6-rev0/mingw64/lib/：-L/后为 MinGW 的库目录。

-lcunit：用 CUnit 框架运行。

-static：静态编译。

3.2.5 在 Linux 下运行测试文件

运行如下代码：

```
root@ubuntu:/home/jerry/MyC#gcc process.c test_main.c -o test
-I/home/jerry/CUnit-2.1-3/CUnit/Headers/ -L/home/jerry/CUnit-2.1-3/lib/
-lcunit -static
root@ubuntu:/home/jerry/MyC#./test
```

其中，

process.c：被测代码。

test_main.c：测试代码。

-o test：输出文件为 test.o。

-I/home/jerry/CUnit-2.1-3/Headers/：-I/后为 CUnit 的头目录。

-L/home/jerry/CUnit-2.1-3/lib/：- L/后为 CUnit 的库目录。

-lcunit：用 CUnit 框架运行。

-static：静态编译。

3.2.6　运行结果

输入"./test"运行测试脚本：

```
root@ubuntu:#./test
init
add suites and tests
CU_get_registry:1/4/1909760
run auto
run basic
    CUnit - A unit testing framework for C - Version 2.1-3
    http://cunit.sourceforge.net/
Suite:suite 1
  Test:test 1 ...passed
  Test:test 2 ...passed
  Test:test 3 ...passed
  Test:test 4 ...passed
Run Summary: Type    Total    Ran    Passed    Failed    Inactive
             suites    1       1       n/a       0          0
             tests     4       4       4         0          0
             asserts   4       4       4         0          n/a
Elapsed time =    0.048 seconds
end
```

其中，表示有 1 个 Test Suite，其有 4 个测试用例和 4 个断言，它们均运行通过。

3.3　查看测试报告

在 Windows 下用 IE 浏览器分别打开 TestProcess-Listing.xml 和 TestProcess-Results.xml 两个文件。

在 Linux 下可以考虑把 CUnit-List.dtd、CUnit-List.xsl、CUnit-Run.dtd 和 CUnit-Run.xsl 文件导入 Windows 并用 IE 浏览器打开，也可以在 Linux 下安装 IE 浏览器。

TestProcess-Listing.xml 和 TestProcess-Results.xml 分别如图 3-7 和图 3-8 所示。

CUnit - A Unit testing framework for C
http://cunit.sourceforge.net/

| | Total Number of Suites | 1 |
| | Total Number of Test Cases | 4 |

Listing of Registered Suites & Tests

			Initialize Function?	Cleanup Function?	Test Count	Active?
Suite		suite 1	Yes	Yes	4	Yes
	Test	test 1				Yes
	Test	test 2				Yes
	Test	test 3				Yes
	Test	test 4				Yes

File Generated By CUnit v2.1-3 - Thu Jun 18 15:04:31 2020

图 3-7　TestProcess-Listing.xml

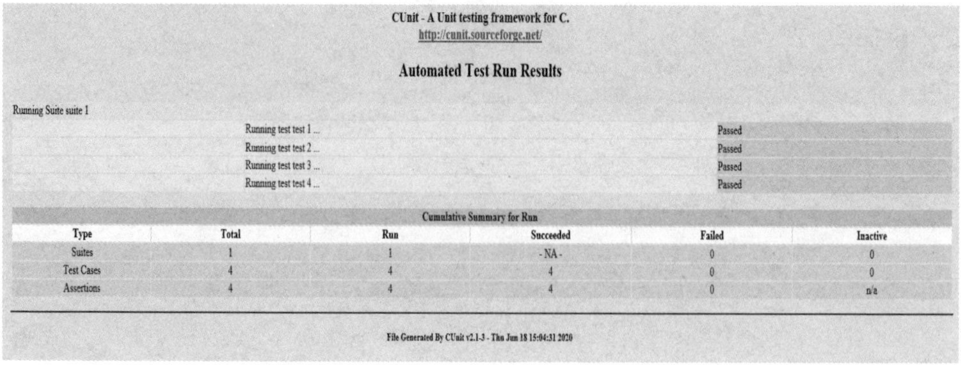

图 3-8　TestProcess-Results.xml

3.4　CUnit 介绍

下面详细介绍 CUnit 测试框架。

3.4.1　CUnit 的四种运行模式

CUnit 支持运行所有已注册套件中的所有测试用例，同时也可以单独运行套件和测试用例。在每次运行期间，测试框架会跟踪记录执行的套件、测试用例和执行通过或失败的断言数。注意，其在每次启动测试运行时（即使失败）都会清除先前的结果。如果希望将单个套件或测试用例排除在特定的测试运行之外，可以禁用它们。但是，如果在禁用一个套件或测试用例后，又明确请求执行，将会产生框架错误。

虽然 CUnit 为运行套件和测试用例提供了基本函数，但大多数用户都希望使用简化的用户接口。这些接口可以处理与框架交互的细节，并为用户提供测试详细信息和结果输出。

CUnit 包含四种运行模式：基本模式、自动模式、交互式控制台模式和交互式 Curses 模式。

1. 基本模式

基本模式的接口是非交互式的，结果输出到标准输出（stdout）。这个接口支持运行单独的套件或测试用例，并允许用户代码控制每次运行期间显示的输出类型。此模式为希望简化使用 CUnit API 的用户提供了最大的灵活性。

基本模式的头文件：

```
#include "CUnit/Basic.h"
```

基本模式提供以下几个公共函数。

● CU_ErrorCode CU_basic_run_tests(void)。

该函数运行已注册套件中的所有测试用例。仅执行激活的套件，如果遇到非激活的套件，不会将其作为错误，而是跳过。返回测试运行期间发生的第一个错误码。输出类型由当前的运行模式控制，该模式在 CU_basic_set_mode()中进行设置。

- CU_ErrorCode CU_basic_run_suite(CU_pSuite pSuite)。

该函数运行指定单一套件中的所有测试用例。返回测试运行期间发生的第一个错误码。如果参数 pSuite 为 NULL，则返回 CUE_NOSUITE；如果参数 pSuite 未被激活，则返回 CUE_SUITE_INACTIVE。输出类型由当前的运行模式控制，该模式在 CU_basic_set_mode()中进行设置。

- CU_ErrorCode CU_basic_run_test(CU_pSuite pSuite, CU_pTest pTest)。

该函数运行指定套件中的一个测试用例。返回测试运行期间发生的第一个错误码。如果参数 pSuite 为 NULL，则返回 CUE_NOSUITE；如果参数 pTest 为 NULL，则返回 CUE_NOTEST；如果参数 pSuite 未被激活，则返回 CUE_SUITE_INACTIVE；如果参数 pTest 不是套件中已注册的测试用例，则返回 CUE_TEST_NOT_IN_SUITE；如果参数 pTest 未被激活，则返回 CUE_TEST_INACTIVE。输出类型由当前的运行模式控制，该模式在 CU_basic_set_mode()中进行设置。

- void CU_basic_set_mode(CU_BasicRunMode mode)。

该函数用于设置运行模式，在测试运行期间控制输出。

CU_BasicRunMode mode 参数选择如表 3-1 所示。

表 3-1　CU_BasicRunMode mode 参数

模式	描述
CU_BRM_NORMAL	打印故障和运行结果
CU_BRM_SILENT	除错误消息外不打印输出
CU_BRM_VERBOSE	最大限度地输出运行的详细信息

- CU_BasicRunMode CU_basic_get_mode(void)。

该函数用于获取当前的运行模式。

- void CU_basic_show_failures(CU_pFailureRecord pFailure)。

该函数用于将所有的失败汇总并输出到标准输出。它不依赖于运行模式。

2. 自动模式

自动模式的接口也是非交互式的。用户启动测试运行，结果输出到 XML 文件；已注册的套件和测试用例的列表也可以输出到 XML 文件。

自动模式的头文件：

```
#include "CUnit/Automated.h"
```

自动模式提供以下公共函数。

- void CU_automated_run_tests(void)。

该函数运行所有已注册的且激活的套件中的所有测试用例。测试结果输出到

ROOT-Results.xml文件（可以使用CU_set_output_filename()函数设置文件名为ROOT，或者使用默认的CUnitAutomated-Results.xml）。注意，如果在每次运行之前没有设置有别于 ROOT 的文件名，则结果文件将被覆盖。

结果文件支持两种类型：文件类型定义文件（CUnit Run.dtd）和 XSL 样式表（CUnit Run.xsl），它们在源码和安装路径的 Share 子目录中都有提供。

- CU_ErrorCode CU_list_tests_to_file(void)。

该函数将已注册套件及相关测试用例列举到文件中，列表文件名为 ROOT-Listing. xml。

列表文件支持两种类型：文件类型定义文件（CUnit Run.dtd）和 XSL 样式表（CUnit Run.xsl），它们在源码和安装路径的 Share 子目录中都有提供。

另外，列表文件不是由 CU_automated_run_tests()函数自动生成的。当用户需要列表信息时，产品代码必须调用该接口做出明确的请求。

- void CU_set_output_filename(const char* szFilenameRoot)。

该函数设置结果和列表文件的输出文件名，通过 szFilenameRoot 分别附加 -Results.xml 和-Listing.xml 来构成文件名。

3. 交互式控制台模式

交互式控制台模式的接口是交互式的。用户需要做的就是启动控制台会话，并且以交互方式控制测试的运行。这些操作包括选择和运行套件与测试用例，以及查看测试结果。启动控制台会话使用 void CU_console_run_tests(void)函数。

交互式控制台模式的头文件：

```
#include "CUnit/Console.h"
```

4. 交互式 Curses 模式

交互式 Curses 模式的接口是交互式的，仅适用于 Linux/UNIX 平台。用户需要做的就是启动控制台会话，并且以交互方式控制测试的运行。这些操作包括选择和运行套件与测试用例，以及查看测试结果。使用此接口需要将 ncurses 库连接到应用程序中。启动控制台会话使用 void CU_curses_run_tests(void)函数。

交互式 Curses 模式的头文件：

```
#include "CUnit/CUCurses.h"
```

3.4.2　CUnit 头文件

CUnit 支持的头文件如下。

#include <CUnit/CUnit.h>：ASSERT（断言）宏在测试案例中使用，包括其他框架的头文件。

#include <CUnit/CUError.h>：错误处理函数和数据类型，被 CUnit.h 文件自动包含。

#include <CUnit/TestDB.h>：定义数据类型和测试套件与测试用例的注册功能接口，被 CUnit.h 文件自动包含。

#include <CUnit/TestRun.h>：定义数据类型和运行测试与检索结果的功能接口，被 CUnit.h 文件自动包含。

#include <CUnit/Automated.h>：自动输出到 XML 文件。

#include <CUnit/Basic.h>：一个非交互的输出到标准输出的基本接口。

#include <CUnit/Console.h>：交互式控制台接口。

#include <CUnit/CUCurses.h>：交互式 Curses 模式（Linux/UNIX 平台）。

#include <CUnit/Win.h>：Windows 界面（尚未实施）。

3.4.3　CUnit 支持的断言

断言是判断测试结果与期望结果是否相符的函数，在单元测试框架中非常重要，JUnit、TestNG、unittest、Pytest 中均有各自的断言函数。在写单元测试代码时，不写断言是一种很不道德的行为。CUnit 支持的断言如表 3-2 所示。

表 3-2　CUnit 支持的断言

断言	含义
CU_ASSERT(int expression)CU_TEST(int expression)	断言表达式为 TRUE（非零）
CU_ASSERT_TRUE(value)	断言值为真（非零）
CU_ASSERT_FALSE(value)	断言值为假（零）
CU_ASSERT_EQUAL(actual, expected)	断言实际值=期望值
CU_ASSERT_NOT_EQUAL(actual, expected)	断言实际值!=期望值
CU_ASSERT_PTR_EQUAL(actual, expected)	断言指针实际==预期
CU_ASSERT_PTR_NOT_EQUAL(actual, expected)	断言指针实际!=预期
CU_ASSERT_PTR_NULL(value)	指针值==NULL
CU_ASSERT_PTR_NOT_NULL(value)	指针值!=NULL
CU_ASSERT_STRING_EQUAL(actual, expected)	断言实际字符串与预期字符串相同
CU_ASSERT_STRING_NOT_EQUAL(actual, expected)	断言实际字符串与预期字符串不同
CU_ASSERT_NSTRING_EQUAL(actual, expected, count)	断言实际和预期的第一个计数字符相同
CU_ASSERT_NSTRING_NOT_EQUAL(actual, expected, count)	断言实际和预期的第一个计数字符不同
CU_ASSERT_DOUBLE_EQUAL(actual, expected, granularity)	如果断言（实际-预期）≤（粒度），此断言必须连接到数学库
CU_ASSERT_DOUBLE_NOT_EQUAL(actual, expected, granularity)	如果断言（实际-预期）>（粒度），此断言必须连接到数学库
CU_PASS(message)	用指定的消息注册传递断言，不执行逻辑测试
CU_FAIL(message)CU_FAIL_FATAL(message)	运行这个断言结果直接为 FAIL，不执行逻辑测试

3.4.4 CUnit 架构

CUnit 是与平台无关的框架和各种用户接口的组合，其中核心模块为管理测试注册表、套件和测试用例提供基本支持，用户接口便于与框架交互，以运行测试和查看结果。CUnit 架构如图 3-9 所示。

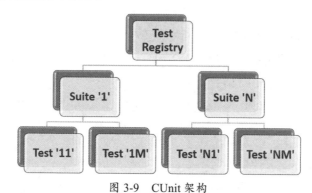

图 3-9　CUnit 架构

其中，单独的测试用例（Test）被打包到套件（Suite）中，这些套件又被注册到活动测试注册表（Test Registry）中。每个套件都有自己的构造和析构函数，在运行套件测试之前和之后它们会分别被自动调用。

3.4.5 CUnit 的基本测试步骤

CUnit 的基本测试步骤如下。

1）编写待测函数，必要时，需要编写套件的 init/cleanup() 函数。

2）初始化测试注册表：CU_initialize_registry() 函数。

3）将套件添加到测试注册表：CU_add_suite() 函数。

4）将测试用例添加到套件：CU_add_test() 函数。

5）调用合适的接口函数执行测试，如 CU_console_run_tests() 函数。

6）清除测试注册表：CU_cleanup_registry() 函数。

对 3.2.3 节的测试代码进行解析。

第 1～4 行：定义所需要的 CUnit 头文件。

第 9、13、17 和 21 行：test_process_1()、test_process_2()、test_process_3() 和 test_process_4() 分别为四个测试用例。

第 25～30 行：将 test_process_1()、test_process_2()、test_process_3() 和 test_process_4() 四个测试用例加入 CU_TestInfo，形成一组 test。最后一行 CU_TEST_INFO_NULL 必须要有。

第 33 行：int suite_init(void)，初始化测试集，在所有用例前执行。

第 37 行：int suite_clean(void)，清空测试集，在所有用例后执行。

第 41 行：void suite_setup(void)，在每个用例前执行。

第 44 行：void suite_teardown(void)，在每个用例后执行。

第 47～49 行：把 suite_init()、suite_clean()、suite_setup()、suite_teardown()四个函数和 tests 测试组合在一起测试，作为一个 testsuite，命名为 suite 1。最后一行 CU_SUITE_INFO_NULL 必须要有。

第 52 行：同其他 C 语言代码一样，int main(int argc, char* argv[])是主函数。

第 54 行：通过 CU_initialize_registry()函数初始化测试集。

第 55～58 行：判断通过 CU_initialize_registry()函数是否产生错误，如果产生，则打印错误信息。

第 60 行：通过 CU_register_suites(suites)函数注册测试集。

第 61～63 行：判断通过 CU_register_suites(suites)函数是否产生错误，如果产生，则打印错误信息。

第 64 行：通过 CU_get_registry()函数获得注册信息。

第 65～74 行：调用函数进行测试。

第 75 行：通过 CU_cleanup_registry()函数注销测试集。

第 76～80 行：判断通过 CU_cleanup_registry()函数是否产生错误，如果产生，则打印错误信息。

3.5　案例

3.5.1　指针操作

被测代码 swap.c 如下：

```c
#include "stdio.h"
#include "string.h"
#include "stdlib.h"

#include<stdio.h>
void swapByNormal(int *p1,int *p2){
    int temp;
    temp=*p1;
    *p1=*p2;
    *p2=temp;
}
void swapByAddSubtract(int *p1,int *p2){
    *p1=*p1+*p2;
    *p2=*p1-*p2;
```

```
    *p1=*p1-*p2;

}
void swapByMultiplicationDivision(int *p1,int *p2){
    *p1=*p1 * *p2;
    *p2=*p1 / *p2;
    *p1=*p1 / *p2;

}
void swapByBitOperation(int *p1,int *p2){
    *p1=*p1 ^ *p2;
    *p2=*p1 ^ *p2;
    *p1=*p1 ^ *p2;
}
```

头文件 swap.h 如下：

```
extern void swapByNormal(int *p1, int *p2);
extern void swapByAddSubtract(int *p1,int *p2);
extern void swapByMultiplicationDivision(int *p1, int *p2);
extern void swapByBitOperation(int *p1, int *p2);
```

swap.c 通过指针利用四种方式交换 int p1 和 int p2 的值。测试代码 test_main.c
如下：

```
1    #include <Basic.h>
2    #include <Console.h>
3    #include <CUnit.h>
4    #include <TestDB.h>
5
6    #include <stdlib.h>
7    #include <string.h>
8    #include "swap.h"
9    int a, b;
10   void test_swapByNormal(void){
11       swapByNormal(&a, &b);
12       CU_ASSERT(a==20);
13       CU_ASSERT(b==10);
14   }
15   void test_swapByAddSubtract(void){
16       swapByAddSubtract(&a, &b);
17       CU_ASSERT(a==20);
18       CU_ASSERT(b==10);
19   }
20   void test_swapByMultiplicationDivision(void){
21       swapByMultiplicationDivision(&a, &b);
22       CU_ASSERT(a==20);
23       CU_ASSERT(b==10);
24   }
25   void test_swapByBitOperation(void){
26       swapByBitOperation(&a, &b);
27       CU_ASSERT(a==20);
```

```
28        CU_ASSERT(b==10);
29   }
30   CU_TestInfo tests[] = {
31      {"test 1", test_swapByNormal },
32      {"test 2", test_swapByAddSubtract },
33      {"test 3", test_swapByMultiplicationDivision },
34      {"test 4", test_swapByBitOperation },
35      CU_TEST_INFO_NULL
36   };
37   int suite_init(void){
38       return 0;
39   }
40   int suite_clean(void){
41       return 0;
42   }
43   void suite_setup(void){
44       a = 10;
45       b = 20;
46   }
47   void suite_teardown(void){
48   }
49   CU_SuiteInfo suites[] = {
50      {"suite 1", suite_init, suite_clean, suite_setup, suite_teardown, tests},
51      CU_SUITE_INFO_NULL
52   };
53   …
```

第 9 行：定义交换的两个变量 a 和 b。

第 10 行：验证通过普通方法进行交换。

第 15 行：验证通过加法方法进行交换。

第 20 行：验证通过乘法方法进行交换。

第 25 行：验证通过按位操作方法进行交换。

第 44、45 行：初始化 a 和 b 两个变量的值。

3.5.2　返回结构体

利用 createStruct 方法返回结构体，被测代码 struct.c 如下：

```c
#include "stdio.h"
#include "struct.h"

struct person createStruct(char *name,int age,char *phone,char *email)
{
struct person p;
p.name = name;
p.age = age;
p.phone = phone;
p.email = email;
```

```
return p;
}
```

头文件 struct.h 如下：

```
extern struct person createStruct(char *name, int age, char *phone, char
*email);
    struct person{
    char *name;
    int age;
    char *phone;
    char *email;
};
```

测试代码 test_main.c 如下：

```
1    …
2    void test_struct(void){
3        char *name="JerryGu";
4        int age=34;
5        char *phone="13681732596";
6        char *email="xianggu625@126.com";
7        struct person p = createStruct(name, age, phone, email);
8        CU_ASSERT(p.age == age);
9        CU_ASSERT_STRING_EQUAL(p.name, name);
10       CU_ASSERT_STRING_EQUAL(p.phone, phone);
11       CU_ASSERT_STRING_EQUAL(p.email, email);
12   }
13   …
```

第 2 行：创建结构体 test_struct 信息。

第 7 行：调用 createStruct 方法。

第 8 行：验证结构体的 age 属性。

第 9 行：验证结构体的 name 属性。

第 10 行：验证结构体的 phone 属性。

第 11 行：验证结构体的 email 属性。

3.5.3　文件的读写操作

被测文件 file.c 如下：

```
#include "stdio.h"
#include "string.h"
#include "stdlib.h"

char* readfile(char *fileName){
    FILE *file;
    char c = 0;

    file = fopen(fileName,"r+");
```

```
    if(file == NULL){
        printf("文件打开错误! \n");
        exit(0);
    }
    while(c != EOF){
        c = fgetc(file);
        printf("%c",c);
    }
    fclose(file);
}

void writefile(char *fileName,char *mytring){
    FILE *fp;
    fp=fopen(fileName, "w");
    fputs(mytring,fp);
    fclose(fp);
}
```

头文件 file.h 如下：

```
extern char* readfile(char *fileName);
extern void writefile(char *fileName, char *mytring);
```

测试代码 test_main.c 如下：

```
1    ...
2    char *result = "This is a book\nThat's a pen";
3    void test_readfile_1(void){
4        CU_ASSERT_STRING_EQUAL(result,readfile("myFileForRead.txt"));
5    }
6
7    void test_readfile_2(void){
8        CU_ASSERT_PTR_NULL(readfile("null.txt"));
9    }
10
11   void test_readfile_3(void){
12        CU_ASSERT(sizeof(readfile("0.txt"))==8);
13   }
14
15   void test_writefile_1(void){
16        char *filename = "myFileForWrite.txt";
17        writefile(filename,result);
18        CU_ASSERT_STRING_EQUAL(result,readfile(filename));
19   }
20
21   void test_writefile_2(void){
22        char *filename = "zero.txt";
23        writefile(filename,"");
25        CU_ASSERT(sizeof(readfile("0.txt"))==8);
25   }
26   ...
```

第 3 行：验证从一个文件中读取。

第 7 行：验证从一个没有的文件中读取。

第 11 行：验证从一个空文件中读取。

第 15 行：验证把一段话写到文件中。

第 21 行：验证把空字符串写到文件中。

3.6　习题

针对下面的代码书写 CUnit 测试代码并且运行。

头文件 Calculator.h：

```
extern int add(int x, int y);
extern int subtract (int x, int y);
extern int multiply (int x, int y);
extern int divide (int x, int y);
```

Calculator.c：

```
#include <stdio.h>
#include "Calculator.h"
int add(int x, int y){
    return x+y;
}
int subtract(int x, int y){
    return x-y;
}
int multiply(int x, int y){
    return x*y;
}
double divide(int x, int y){
    return x/y;
}
```

第 4 章　Java 语言动态自动化单元测试框架

Java 语言动态自动化单元测试框架主要包括 JUnit、TestNG、Spock 等，本章介绍 JUnit 和 TestNG。另外，本章还介绍 Java 测试替身、自动产生测试用例技术、变异测试和 JUnit 4、JUnit 5、TestNG 及 Allure 在 Jenkins 中的配置。

4.1　在 Eclipse 中创建 Maven 项目

Eclipse 是著名的、跨平台的集成开发环境（Integrated Development Environment，IDE），主要用来开发 Java 语言，通过加入插件也可以开发 C++和 Python 语言。调用 jar 包是 Java 程序使用第三方控件的方法，以前通常使用 Java Build Path 配置 jar 包，现在流行通过使用 Maven 配置 pom.xml 的方式管理 jar 包，主要是便于持续集成工具的使用。下面介绍如何在 Eclipse 中配置 Maven 项目，这里使用的 Maven 版本为 3.8.6。

1）下载 Maven 并且设置环境变量。

2）把%MAVEN_HONE%\bin 放在 Path 中。

3）打开命令行，输入

```
mvn help:system
```

这时，会在 C:\Users\<UserName>\下生成.m2 文件夹，默认存放下载的 jar 包，叫作 maven 仓库。

4）在 Eclipse 菜单中选择 "Help→install New software"。

5）在 "work with" 中输入：http://download.eclipse.org/releases/mars。

6）这里需要注意，后面的 "mars" 是系统自动补全的。当输入到 releases 时，后面就会自动出现 mars，补充当前 Eclipse 的版本。

7）在 "Web, XML, Java EE and OSGi Enterprise Development" 下勾选 "m2e-wtp-Maven Integration for WTP 1.2.1.20150819-2220" 选项。

8）单击【Next>】按钮进行安装。

9）安装完毕，重启 Eclipse。

10）在菜单"Window→Preferences→Maven→Installation"中，选择【Add】按钮。

11）先选择"External"，然后选择"C:\apache\apache-maven-3.8.6"，即%MAVEN_HONE%目录，如图 4-1 所示，单击【Finish】按钮。

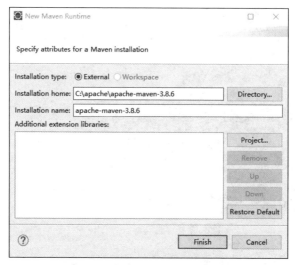

图 4-1　设置 Maven Installations

12）选择"Window→Preferences→Maven→User Settings"，在"Global Settings"和"User Settings"中选择"%MAVEN_HOME%\conf\settings.xml"(这里"%MAVEN_HOME%"为 C:\apache\apache-maven-3.8.6)，如图 4-2 所示。

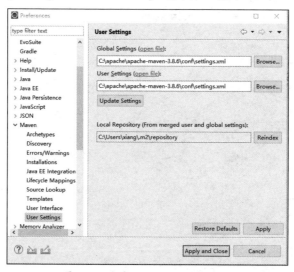

图 4-2　设置 Maven User Settings

13）设置完毕，单击【Apply and Close】按钮。

14）在 Eclipse 菜单中先选择"File→New→Project"，然后选择"Maven Project"，如图 4-3 所示，单击【Next>】按钮。

图 4-3　选择"Maven Project"

15）进入图 4-4 所示的窗口，单击【Next>】按钮。

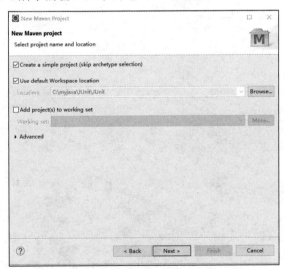

图 4-4　配置"Maven Project"（一）

- "Create a simple project(skip archetype selection)"表示生成一个简单的模板。
- "Use default Workspace location"表示默认路径。

16）进入图 4-5 所示的窗口，填写必要信息，单击【Finish】按钮。

17）确保在项目中存在 pom.xml 文件，如图 4-6 所示。

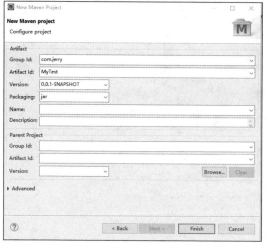

图 4-5　配置 "Maven Project" （二）

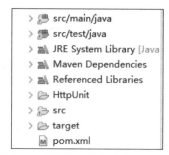

图 4-6　确保在项目中存在 pom.xml

4.2　在 Eclipse 中配置 JUnit 和 TestNG 运行环境

4.2.1　配置 JUnit 运行环境

运行 JUnit 框架的测试用例有两种方法：一种方法是先按照第 4.3.10 节中的方法配置 pom.xml，然后通过命令行方式运行；另一种方法是仅在 Eclipse 中运行，详细步骤如下。

1）在项目上右击选择菜单 "Build Path→Configure Build Path…"，如图 4-7 所示。

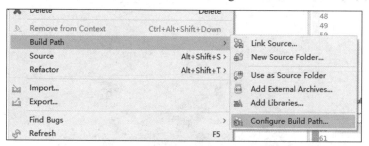

图 4-7　选择 Configure Build Path

2）单击【Add Library…】按钮并选择 JUnit，如图 4-8 所示。

3）在弹出的窗口内，选择 JUnit 的版本，如图 4-9 所示。现在主要使用 JUnit 4 和 JUnit 5，JUnit 3 已经很少使用了。

4）将 JUnit 5 加入 Java Build Path 中，如图 4-10 所示。

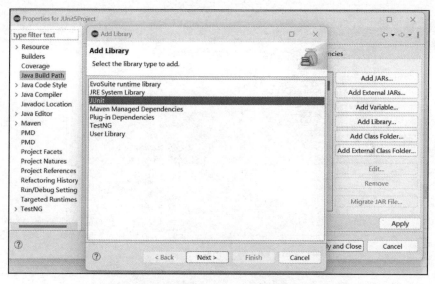

图 4-8　单击【Add Library...】按钮并选择 JUnit

图 4-9　选择 JUnit 版本

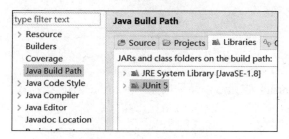

图 4-10　将 JUnit 加入 Java Build Path 中

5）在项目上右击选择菜单"New→JUnit Test Case"，如图 4-11 所示。

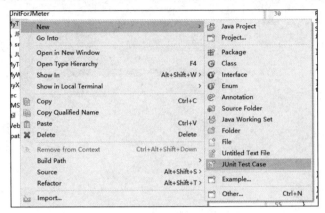

图 4-11　建立 JUnit Test Case

6）选择需要新建的 JUnit 版本（JUnit 4 选择"New JUnit 4 test"、JUnit 5 选择"New JUnit Jupiter test"）、包名及子类并输入类名，如图 4-12 所示。

图 4-12　选择新建的 JUnit 版本、包名及子类并输入类名

7）单击【Finish】按钮后，显示最原始的测试代码框架：

```
import static org.junit.jupiter.api.Assertions.*;
import org.junit.jupiter.api.AfterAll;
import org.junit.jupiter.api.AfterEach;
import org.junit.jupiter.api.BeforeAll;
import org.junit.jupiter.api.BeforeEach;
```

```
import org.junit.jupiter.api.Test;

class PropductTest {
    @BeforeAll
    static void setUpBeforeClass()throws Exception {
    }

    @AfterAll
    static void tearDownAfterClass()throws Exception {
    }

    @BeforeEach
    void setUp()throws Exception {
    }

    @AfterEach
    void tearDown()throws Exception {
    }

    @Test
    void test(){
        fail("Not yet implemented");
    }
}
```

4.2.2　配置 TestNG 运行环境

1. 在线安装方法

1）进入菜单"Help→Eclipse Marketplace"。

2）输入"TestNG"。

3）按照提示进行安装，安装完之后重启 Eclipse。

2. 离线安装方法

由于有些版本的 Eclipse 不支持 TestNG 在线安装，因此需要离线安装。本书的配套软件如下。

1）将 Java\eclipse-testng 中 features 下的文件夹安装到 Eclipse 的 features 文件夹下。

2）将 Java\eclipse-testng 中 plugins 下的文件夹安装到 Eclipse 的 plugins 文件夹下。

3）安装完之后重启 Eclipse。

3. TestNG 的运行配置

有两种方法配置 TestNG：一种方法是先按照第 4.5.13 节中的方法配置 pom.xml，然后通过命令行方式运行；另一种方法是仅在 Eclipse 中运行，下面介绍第二种方法。

1）在项目上右击选择菜单"Build Path→Configure Build Path..."。

2）单击【Add Library...】按钮，选择"TestNG"，如图 4-13 所示。

3）先单击【Next>】按钮，然后单击【Finish】按钮。

4）在项目上右击选择菜单"New→Other..."，创建 TestNG 类并单击【Next>】按钮，如图 4-14 所示。

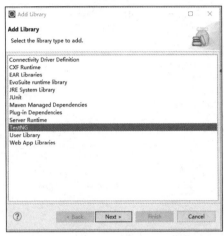

图 4-13　单击【Add Library...】按钮，选择 TestNG

图 4-14　建立 TestNG 类

5）在"Class name"中输入类名，单击【Finish】按钮，如图 4-15 所示。

图 4-15　输入类名

6）显示最原始的测试代码框架：

```
import org.testng.annotations.Test;

public class NewTest {
  @Test
```

```
  public void f(){
  }
}
```

4.3　JUnit 4

4.3.1　JUnit 4 的测试代码

这里创建的 JUnit 4 项目为 JUnit4Project，包为 com.jerry.JUnit4Project，其所有的被测代码都被放在 JUnit4Project\src\main\java\com\jerry\JUnit4Project 目录下，测试代码都被放在 JUnit 4Project\src\test\java\com\jerry\JUnit4Project 目录下。

被测代码 Calculator.java：

```
1    public class Calculator {
2        private static int result;
3        public void add(int n){
4            result = result + n;
5        }
6        public void subtract(int n){
7            result = result - n;
8        }
9        public void multiply(int n){
10           result = result * n;
11       }
12       public void divide(int n){
13           result = result / n;
14       }
15       public void square(int n){
16           result = n * n;
17       }
18       public void squareRoot(int n){
19       for (; ;) //Bug
20       }
21       public void Cubic(int n){
22           //no write
23       }
24       public void clear(){    // set result is 0
25           result = 0;
26       }
27       public int getResult(){
28           return result;
29       }
30   }
```

第 2 行：静态整型变量 result 为类的私有变量，用于存储运行结果。

第 3 行：add() 为实现加法的方法。

第 6 行：subtract() 为实现减法的方法。

第 9 行：multiply()为实现乘法的方法。

第 12 行：divide()为实现除法的方法。

第 15 行：square()为实现平方的方法。

第 18 行：squareRoot()为实现开方的方法，这里为了演示延时测试，故意写成死循环。

第 21 行：Cubic()为实现立方的方法，这个代码没有写完。

第 24 行：clear()是设置 result 为 0 的方法。

第 27 行：getResult()为返回 result 值的方法。

接下来，创建单元测试代码 CalculatorTest.java，先对"加""减""乘""除"进行测试。

```
1    public class CalculatorTest {
2        private static Calculator calculator = new Calculator();
3        @Before
4        public void setUp()throws Exception {
5            calculator.clear();
6        }
7        @Test
8        public void testAdd(){
9            calculator.add(2);
10           calculator.add(3);
11           assertEquals(5, calculator.getResult());
12       }
13       @Test
14       public void testSubtract(){
15           calculator.add(5);
16           calculator.subtract(3);
17           assertEquals(2, calculator.getResult());
18   }
19       @Test
20       public void testMultiply(){
21           calculator.add(3);
22           calculator.multiply(2);
23           assertEquals(6, calculator.getResult());
24       }
25       @Test
26       public void testDivide(){
27           calculator.add(9);
28           calculator.divide(3);
29           assertEquals(3, calculator.getResult());
30       }
31   }
```

第 3 行：@Before 表示下面是前置方法，在每个测试方法运行前运行。在单元测试框架中，类似于@Before 和@After 的符号叫作装饰器。单元测试框架不同，装饰器的表现形式也不同。在前置方法中，通过 calculator.clear()方法将私有变量 result 清零。

第 7、13、19、25 行：@Test 表示下面是具体的测试方法。每一种测试方法前面都必须有@Test 装饰器，并且测试方法不可以带任何参数。

第 11 行：assertEquals(5, calculator.getResult())是一个断言方法，5 表示期望结果，calculator.getResult()表示被测代码实际返回的结果。assertEquals 表示如果期望结果与实际的被测代码返回结果相同，则测试通过，否则测试不通过。第 17、23、29 行与之类似。

在项目上右击选择菜单"Run As→2 JUnit Test"，如图 4-16 所示。

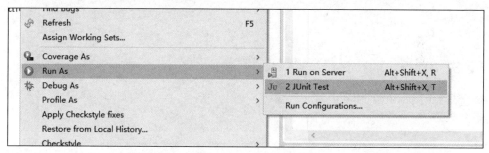

图 4-16　运行 JUnit 4

运行结果如图 4-17 所示。

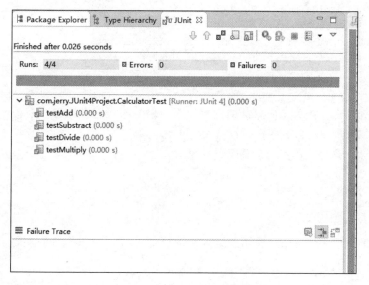

图 4-17　JUnit 4 运行结果

结果显示存在 4 条测试用例，运行了 4 条，错误的 0 条、失败的 0 条，运行测试用例共消耗了 0.000 秒（由于运算速度很快，计算机受一定精度影响，因此显示为 0.000 秒）。

4.3.2　与 JUnit 4 相关的 API

使用 JUnit 4 一般需要引入以下的类：

```
import static org.junit.Assert.*;                    //引入断言类
import org.junit.Test;                               //引入测试方法类
import org.junit.runner.RunWith;                     //详见第 4.3.6 节
import org.junit.runners.Parameterized;              //引入参数化
import org.junit.runners.Parameterized.Parameters;   //引入参数化
import org.junit.runners.Suite;                      //引入测试集
import org.junit.Before;                             //引入前置方法类
import org.junit.After;                              //引入后置方法类
import org.junit.Rule;                               //为期望抛出的异常类
import org.junit.rules.ExpectedException;            //为期望抛出异常类的消息体
```

4.3.3　JUnit 4 的装饰器

表 4-1 展示了 JUnit 4 所有装饰器。

表 4-1　JUnit 4 装饰器

装饰器	含义
@Before	在每个用例前执行
@After	在每个用例后执行
@Test	下面是一个测试用例
@BeforeClass	在类中所有用例之前执行
@AfterClass	在类中所有用例之后执行
@Parameters	参数化测试
@Ignore	测试类或测试方法不执行
@Categories	单元测试类别

1）@Ignore：表示先把测试用例写出来，但是不运行。比如，在被测代码中，Cubic (int n)被测代码没有实现，但是可以先写出来。

```
1  @Ignore
2  public void testCubic(){
3      calculator.Cubic (2);
4      assertEquals(8, calculator.getResult());
5  }
```

其中，第 1 行中的@Ignore 表示忽略测试，等 Cubic(int n)被测代码实现以后，再把@Ignore 换为@Test。

2）@Categories：表示以下的测试方法属于同一个类别，本书不做介绍。

4.3.4　JUnit 4 的断言

JUnit 4 使用 org.junit.Assert.*类中定义的断言函数，其中 assertEquals 是最基本的断言函数，JUnit 的断言函数如表 4-2 所示。

表 4-2　JUnit 4 的断言函数

方法	描述
assertEquals([String message],expected,actual)	expected= =actual，测试通过（用于整型数字）
assertEquals([String message],expected,actual,tolerance)	expected= =actual，测试通过，tolerance 为浮点数的精度
assertTrue ([String message],Boolean condition)	condition（条件）成立，测试通过
assertFalse([String message],Boolean condition)	condition（条件）不成立，测试通过
assertNull([String message],Object object)	Object 为空，测试通过
assertNotNull([String message],Object object)	Object 不为空，测试通过
assertSame ([String message],expected,actual)	expected 与 actual 相同，测试通过
assertNotSame ([String message],expected,actual)	expected 与 actual 不同，测试通过
fail([String message])	直接失败

1）String message：可选项，当测试失败的时候显示这个字符串，成功时不显示。比如：

```
1   @Test
2   public void testAdd(){
3       calculator.add(2);
4       calculator.add(3);
5       assertEquals("加法操作测试失败",5, calculator.getResult());
6   }
```

其中，第 5 行中如果 calculator.getResult()的结果为 5，则不显示"加法操作测试失败"；否则显示。

2）asertEquals([String message],expected,actual,tolerance)：主要用于浮点数，tolerance 为精度单位。比如，精度 tolerance=2,asertEquals(3.142,3.143,2)测试通过；精度 tolerance=3,asertEquals(3.142,3.143,3)测试不通过。

3）fail([String message])：测试结果总是失败。

4.3.5　超时测试

被测方法 squareRoot()是一个死循环，这时对这个函数进行测试，那么测试程序将被无限期挂起，而使用@Test 装饰器后的 timeout 标签可以解决这个问题：

```
1   @Test(timeout=1000)
2   public void squareRoot() {
3       calculator.squareRoot(4);
4       assertEquals(2 , calculator.getResult());
5   }
```

其中，第 1 行中 timeout 后的参数单位为毫秒。timeout=1000 表示如果测试代码在 1000 毫秒（即 1 秒）内产生不了结果，不再等待，认为测试失败，继续执行后续测试代码。

运行结果如图 4-18 所示。

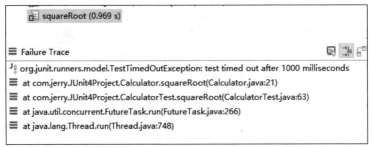

图 4-18   延迟测试运行结果

4.3.6   JUnit 4 参数化测试

参数化测试是数据驱动的具体实现方法，数据驱动是自动化测试的发展趋势。数据驱动可以把测试数据放在内存，也可以放在外部的文件或数据库中。下面仅介绍前一种，后一种将在第 4.4.7 节进行介绍。创建被测代码 SquareTest.java：

```
1      import java.util.Arrays;
2      import java.util.Collection;
3
4      @RunWith(Parameterized.class)
5      public class SquareTest {
6         private static Calculator calculator = new Calculator();
7         private int param;
8         private int result;
9
10        @Parameters
11        public static Collection data(){
12          return Arrays.asList(new Object[][] {
13              {2 , 4 },
14              { 0 , 0 },
15              {-3 , 9 },
16              {-15 , 225 },
17          });
18        }
19        public SquareTest(int param, int result){
20          this.param=param;
21          this.result =result;
22        }
23
24        @Test
25        public void square(){
26            calculator.square(param);
```

```
27                 assertEquals(result, calculator.getResult());
28        }
29   }
```

第 6 行：构造被测试类对象，测试某个类之前必须先获得这个类。

第 7 行：定义参数的 Key。

第 8 行：定义参数的 Value。

第 10 行：表示下面是参数化。

第 13 行：表示当参数等于 2 的时候，值为 2*2=4。

第 14 行：表示当参数等于 0 的时候，值为 0*0=0。

第 15 行：表示当参数等于-3 的时候，值为-3*-3=9。

第 16 行：表示当参数等于-15 的时候，值为-15*-15=255。

第 19 行：构造函数，对变量进行初始化。

第 24 行：调用 calculator 类的 square()方法，参数为 param。

第 27 行：断言。由于使用了@RunWith(Parameterized.class)，因此 square()方法将遍历所有的参数。

关于@RunWith：

- @RunWith 是一个运行器。
- @RunWith(JUnit4.class)是指用 JUnit 4 运行（默认）。
- @RunWith(SpringJUnit4ClassRunner.class)表示让测试运行在 Spring 的测试环境中。
- @RunWith(Suite.class)是一套测试集合，将在第 4.3.7 节中进行介绍。

在上面的例子中，使用了 Parameterized.class 进行运行，运行结果如图 4-19 所示。

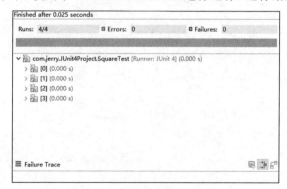

图 4-19　参数化测试运行结果

4.3.7　测试异常

异常是 Java 很重要的一种功能，当程序在运行时发生错误时，系统就会抛出异常，下面介绍如何测试 Java 的异常。

运行 divide(int n)函数，当除数 n=0 时就会抛出"java.lang.ArithmeticException:/ by zero"异常。

JUnit 4 测试异常有以下三种方法。

1. 通过 try-catch 捕获

```
1   @Test
2   public void TheFirstDivideByZeroThrowsException(){
3       try {
4           calculator.add(8);
5           calculator.divide(0);
6           fail("Fail by test DivideByZero!");
7       } catch (java.lang.ArithmeticException anArithmeticException){
8           assertTrue(anArithmeticException.getMessage().contains("/ by zero"));
9       }
10  }
```

运行除以 0 的函数，捕获是否抛出 java.lang.ArithmeticException 异常类。如果抛出，则断言这个异常类的信息是否包含字符串"/ by zero"。

第 6 行：如果没有抛出异常类，则直接抛出失败异常。

第 7 行：期望抛出异常类的名称。

第 8 行：期望抛出异常类中包含"/ by zero"。

2. 通过@test 装饰器后的 expected 标签实现

```
1   @Test(expected = java.lang.ArithmeticException.class)
2   public void TheSecondDivideByZeroThrowsException(){
3       calculator.add(8);
4       calculator.divide(0);
5   }
```

其中，第 1 行中@Test(expected=期望抛出异常类名)，expected = java.lang.Arithmetic Exception.class 表示测试结果中应该抛出一个 java.lang.ArithmeticException 异常类。

3. 通过 throws java.lang.ArithmeticException 实现

```
1    import org.junit.Rule;
2    import org.junit.rules.ExpectedException;
3
4    @Rule
5    public ExpectedException thrown = ExpectedException.none();
6    @Test
7    public void TheThirdDivideByZeroThrowsException()
8        throws java.lang.ArithmeticException {
9            thrown.expect(java.lang.ArithmeticException.class);
10           thrown.expectMessage("/ by zero");
11           calculator.add(8);
12           calculator.divide(0);
13   }
```

第 1 行：import org.junit.Rule：期望抛出的异常类。

第 2 行：import org.junit.rules.ExpectedException：期望抛出异常类的消息体。

第 5 行：@Rule 定义测试目的是期望抛出异常类。

第 8 行：期望抛出 java.lang.ArithmeticException.class 异常类。

第 10 行：异常内容包含"/ by zero"。

第 11、12 行：抛出异常的操作。

4.3.8　批量运行

在创建了一批测试代码以后，可以通过创建 AllCalculatorTests.java 来批量运行：

```
1    @RunWith(Suite.class)
2    @Suite.SuiteClasses({
3        CalculatorTest.class,
4        SquareTest.class
5    })
6    public class AllCalculatorTests{
7    }
```

第 1 行：利用 Suite.class 运行 JUnit 4。

第 2～5 行：@Suite.SuiteClasses 中包含所要运行的测试类，这里包含 Calculator Test.class 和 SquareTest.class 两个类。

运行结果如图 4-20 所示。

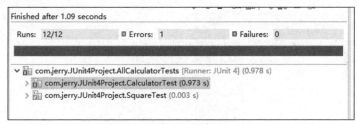

图 4-20　批量测试运行结果

4.3.9　利用 Ant 运行

在持续集成（Continuous Integration，CI）过程中，不可以使用 Eclipse 运行测试代码，需要通过命令行来运行，在这里分别介绍使用 Ant 和 Maven 运行 JUnit 测试用例。

Apache Ant 由 Apache 软件基金会提供，是将软件编译、测试、部署等步骤联合在一起并加以自动化的一款工具，常用于 Java 环境的软件开发。下面介绍如何在 Eclipse 工具中将 JUnit 代码导出，以便在命令行中使用 Ant 工具。

1）选择菜单"File→Export…"，如图 4-21 所示。

2）选择"General"下的"Ant Buildfiles"，如图 4-22 所示，单击【Next>】按钮。

图 4-21　选择菜单"File→Export…"　　图 4-22　选择"General"下的"Ant Buildfiles"

3）选择需要导出的类，填写 Ant 配置文件，默认为 build.xml，以及 JUnit 输出目录，默认为 junit，单击【Finish】按钮，如图 4-23 所示。

4）检查项目中是否包含 junit 目录和 build.xml 文件，如图 4-24 所示。由于 Eclipse 自身的缺陷，junit 目录可能无法自动产生，需要手工创建。

图 4-23　配置 Ant

图 4-24　检查项目中是否包含 junit 目录和 build.xml 文件

5）打开 build.xml 文件，类似于：

```
<classpath refid="run.AllCalculatorTests.classpath(4)"/>、
<target name="CalculatorTest(4)">
```

去掉括号中的数字，变为：

```
<classpath refid="run.AllCalculatorTests.classpath()"/>、
<target name="CalculatorTest()">
```

6）右击 build.xml，选择菜单"Run As→External Tools Configurations…"，如图 4-25 所示。

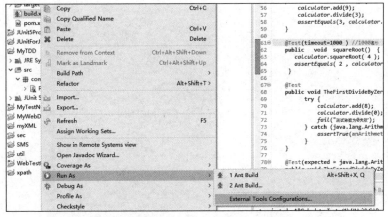

图 4-25 选择"Run As－>External Tools Configurations…"

7）在 Targets 标签下选择 build[default]、CalculatorTest（所要运行的测试类）和 junitreport（用于生成测试报告），如图 4-26 所示。

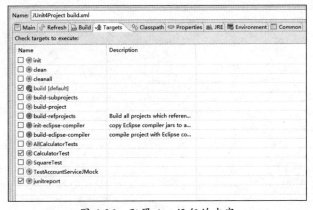

图 4-26 配置 Ant 运行的内容

8）单击【Run】按钮运行，输出如下：

```
Buildfile:C:\myjava\JUnit\JUnit4Project\build.xml
```

```
build-subprojects:

init:

build-project:
      [echo] JUnit4Project:C:\myjava\JUnit\JUnit4Project\build.xml

build:

junitreport:
 [junitreport] Processing C:\myjava\JUnit\JUnit4Project\junit\TESTS-
TestSuites.xml to C:\Users\xiang\AppData\Local\Temp\null1146790674
 [junitreport] Loading stylesheet jar:file:C:/eclipse/plugins/org.apache.ant_
1.10.5.v20190526-1402/lib/ant-junit.jar!/org/apache/tools/ant/taskdefs/opti
onal/junit/xsl/junit-frames.xsl
…

CalculatorTest:
      [junit] Running com.jerry.JUnit4Project.CalculatorTest
      [junit] Tests run:8, Failures:0, Errors:1, Skipped:0, Time elapsed:1.64 sec
      [junit] Output:
      [junit] BeforeClass
      [junit] AfterClass
      [junit] Test com.jerry.JUnit4Project.CalculatorTest FAILED
BUILD SUCCESSFUL
Total time:4 seconds
```

9）单击 junit 目录下的 index.html 文件，展示测试报告，如图 4-27 所示。

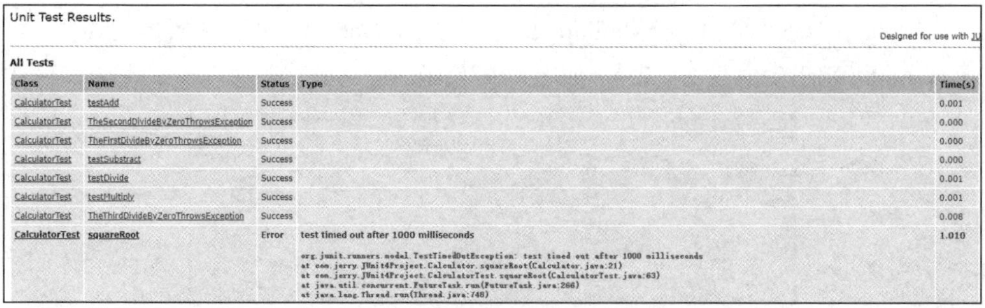
Unit Test Results.

Designed for use with JU

All Tests

Class	Name	Status	Type	Time(s)
CalculatorTest	testAdd	Success		0.001
CalculatorTest	TheSecondDivideByZeroThrowsException	Success		0.000
CalculatorTest	TheFirstDivideByZeroThrowsException	Success		0.000
CalculatorTest	testSubstract	Success		0.000
CalculatorTest	testDivide	Success		0.001
CalculatorTest	testMultiply	Success		0.001
CalculatorTest	TheThirdDivideByZeroThrowsException	Success		0.008
CalculatorTest	squareRoot	Error	test timed out after 1000 milliseconds org.junit.runners.model.TestTimedOutException: test timed out after 1000 milliseconds at com.jerry.JUnit4Project.Calculator.squareRoot(Calculator.java:21) at com.jerry.JUnit4Project.CalculatorTest.squareRoot(CalculatorTest.java:63) at java.util.concurrent.FutureTask.run(FutureTask.java:266) at java.lang.Thread.run(Thread.java:748)	1.010

图 4-27 Ant 测试报告

10）打开命令行工具，进入项目所在的目录，即可在命令行中运行测试用例。

```
C:\myjava\JUnit\JUnit4Project>ant SquareTest
Buildfile:C:\myjava\JUnit\JUnit4Project\build.xml

SquareTest:
   [junit] Running com.jerry.JUnit4Project.SquareTest
   [junit] Tests run:4, Failures:0, Errors:0, Skipped:0, Time elapsed:0.285 sec

BUILD SUCCESSFUL
Total time:2 seconds
```

```
C:\myjava\JUnit\JUnit4Project>ant SquareTest
Buildfile:C:\myjava\JUnit\JUnit4Project\build.xml

SquareTest:
   [junit] Running com.jerry.JUnit4Project.SquareTest
   [junit] Tests run:4, Failures:0, Errors:0, Skipped:0, Time elapsed:0.302
sec

BUILD SUCCESSFUL
```

ant SquareTest 中的 SquareTest 为需要运行的测试类，如果需要运行批量测试类 AllCalculatorTests，则可以改为 ant AllCalculatorTests。

4.3.10　利用 Maven 运行

现在，让我们来看一下在 JUnit 4 下如何配置 Maven。

1）配置 pom.xml 文件：

```xml
<project xmlns="http://maven.apache.org/POM/4.0.0"
xmlns:xsi="http://www.w3.org/2001/XMLSchema-instance"
  xsi:schemaLocation="http://maven.apache.org/POM/4.0.0
http://maven.apache.org/xsd/maven-4.0.0.xsd">
  <modelVersion>4.0.0</modelVersion>

  <groupId>com.jerry</groupId>
  <artifactId>JUnit4Project</artifactId>
  <version>0.0.1-SNAPSHOT</version>
  <packaging>jar</packaging>

  <name>JUnit4Project</name>
  <url>http://maven.apache.org</url>

<properties>
    <project.build.sourceEncoding>UTF-8</project.build.sourceEncoding>
    <project.reporting.outputEncoding>UTF-8</project.reporting.outputEncoding>
    <aspectj.version>8</aspectj.version>
</properties>

  <dependencies>
    <dependency>
      <groupId>junit</groupId>
      <artifactId>junit</artifactId>
      <version>4.12</version>
      <scope>test</scope>
    </dependency>
</dependencies>
</project>
```

</project>…</project>为 pom.xml 的主体框架。

<dependencies><dependency>…</dependency></dependencies>设置项目需要用到的 jar 包。

在<properties>…</properties>中声明相应的版本信息<package-version>8</package-version>，当在 dependency 下引用时就可以用${package-version}引入该版本的 jar 包。比如：

```
<properties>
…
<junit-version>4.12</junit-version>
</properties>
…
</dependencies>
<dependency>
        <groupId>junit</groupId>
        <artifactId>junit</artifactId>
        <version>${junit-version}</version>
        <scope>test</scope>
    </dependency>
</dependencies>
</properties>
```

2）在项目上右击，选择菜单"Run As→9 Maven test"运行测试用例，如图 4-28 所示。

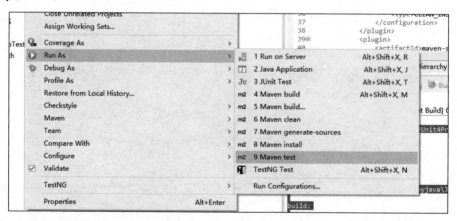

图 4-28　在 Eclipse 中使用 Maven 运行 JUnit test

3）输出结果如下：

```
…
Results:

Failed tests:
  CalculatorTest.squareRoot:63  ?  TestTimedOut test timed out after 1000
millisec...
```

```
Tests run:13, Failures:1, Errors:0, Skipped:0

[ERROR] There are test failures.

Please refer to C:\myjava\JUnit\JUnit4Project\target\surefire-reports for the
individual test results.
[INFO]
------------------------------------------------------------------------
[INFO] BUILD SUCCESS
[INFO]
------------------------------------------------------------------------
[INFO] Total time:6.582 s
[INFO] Finished at:2022-10-12T17:24:06+08:00
[INFO]
------------------------------------------------------------------------
```

4）上面的操作等同于在项目所在的目录中，通过 mvn clean test 命令运行测试
用例：

```
C:\myjava\JUnit\JUnit4Project>mvn clean test
[INFO] Scanning for projects...
…
Results :

Failed tests:
  CalculatorTest.squareRoot:48 ? TestTimedOut test timed out after 1000
millisec...

Tests run:13, Failures:1, Errors:0, Skipped:0

[ERROR] There are test failures.

Please refer to C:\myjava\JUnit\JUnit4Project\target\surefire-reports for the
individual test results.
[INFO]
------------------------------------------------------------------------
[INFO] BUILD SUCCESS
[INFO]
------------------------------------------------------------------------
[INFO] Total time:7.834 s
[INFO] Finished at:2022-04-11T15:12:20+08:00
[INFO]
------------------------------------------------------------------------
```

Tests run:13, Failures:1, Errors:0, Skipped:0：表示运行 13 条测试用例，失败 1 条，
错误 0 条，忽略 0 条。

4.3.11　配合 Allure 生成漂亮的 JUnit 4 测试报告

1. Allure 配置与使用

Allure Framework 是一种灵活的轻量级的多语言测试报告工具，不但可以以简洁的 Web 报告形式显示已测试的内容，而且还可以从日常执行中最大限度地提取有用信息。目前，Allure 已经集成了较多的测试框架，如 Java、Python、JavaScript、Ruby、Groovy、PHP、.NET、Scala 等语言。在 Java 语言中，支持 JUnit 4、JUnit 5、TestNG、Cucumber JVM、Selenide 测试框架。

Windows 环境下 Allure 的配置步骤如下。

1）配置 Java 环境。

2）下载 allure-2.20.1。

3）配置环境变量，将 "%ALLURE_HOME%\bin" 放到环境变量 Path 路径下。

4）修改 pom.xml。在<dependencies>…</dependencies>之间添加：

```xml
<dependency>
    <groupId>io.qameta.allure</groupId>
    <artifactId>allure-junit4</artifactId>
    <version> 2.13.6</version>
</dependency>
<dependency>
    <groupId>org.slf4j</groupId>
    <artifactId>slf4j-simple</artifactId>
    <version>1.7.30</version>
</dependency>
```

5）在<properties>…</properties>之间添加：

```xml
<properties>
…
    <aspectj.version>1.9.5</aspectj.version>
</properties>
```

6）在<build><plugins>…</plugins></build>之间添加：

```xml
<!-- for allure -->
<plugin>
            <groupId>org.apache.maven.plugins</groupId>
            <artifactId>maven-surefire-plugin</artifactId>
            <version>2.22.2</version>
            <configuration>
                <testFailureIgnore>false</testFailureIgnore>
                <argLine>
                    -Dfile.encoding=UTF-8
                    -javaagent:"${settings.localRepository}/org/aspectj/
aspectjweaver/${aspectj.version}/aspectjweaver-${aspectj.version}.jar"
                </argLine>
```

```
            <properties>
                <property>
                    <name>listener</name>
                    <value>io.qameta.allure.junit4.AllureJunit4</value>
                </property>
            </properties>
            <systemPropertyVariables>
                <allure.results.directory>${project.build.directory}/
allure-results</allure.results.directory>
            </systemPropertyVariables>
        </configuration>
        <dependencies>
            <dependency>
                <groupId>org.aspectj</groupId>
                <artifactId>aspectjweaver</artifactId>
                <version>${aspectj.version}</version>
            </dependency>
        </dependencies>
    </plugin>
    <plugin>
        <groupId>io.qameta.allure</groupId>
        <artifactId>allure-maven</artifactId>
        <version>2.10.0</version>
        <configuration>
            <reportVersion>${allure.version}</reportVersion>
            <resultsDirectory>${project.build.directory}/allure-
results</resultsDirectory>
        </configuration>
    </plugin>
    <plugin>
        <groupId>org.apache.maven.plugins</groupId>
        <artifactId>maven-compiler-plugin</artifactId>
        <version>3.1</version>
        <configuration>
            <source>1.8</source>
            <target>1.8</target>
        </configuration>
    </plugin>
```

<build><plugins>...</plugins></build>中元素的作用如下。

- <groupId>：项目或者组织的唯一标识。

- <artifactId>：项目的通用名称。

- <version>：项目的版本。

- <extensions>：是否加载该插件的扩展，默认为 False。

- <inherited>：该插件<configuration>中的配置是否可以被继承，默认为 True。

- <configuration>：该插件所需要的特色配置，其在父子项目之间可以被覆盖或合并。

- <dependencies>：该插件所特有的依赖的类库。
- <executions>：该插件某个目标（一个插件可能有多个目标）的执行方式，一个<executions>有如下设置。
  - ✓ <id>：唯一标识。
  - ✓ <goals>：执行插件的 goal 可以有多个。
  - ✓ <phase>：插件的 goal 要嵌入 Maven 的 phase 中执行。
  - ✓ <inherited>：该 execution 是否可被子项目继承。
  - ✓ <configuration>：该 execution 的其他配置参数。

POM 包括以下属性：

- ${project.build.sourceDirectory}：项目的主源码目录，默认为 src/main/java。
- ${project.build.testSourceDirectory}：项目的测试源码目录，默认为 src/test/java。
- ${project.build.directory}：项目构件输出目录，默认为 target/。
- ${project.outputDirectory}：项目主代码编译输出目录，默认为 target/classes/。
- ${project.testOutputDirectory}：项目测试代码编译输出目录，默认为 target/test-classes/。
- ${project.groupId}：项目的 groupId。
- ${project.artifactId}：项目的 artifactId。
- ${project.version}：项目的 version，与{version}等价。
- ${project.build.fianlName}：项目打包输出文件的名称，默认为${project.artifactId}-${project.version}。

7）改写被测文件 CalculatorTest.java：

```java
@Feature("简易计算器")
public class CalculatorTest {
    private static Calculator calculator = new Calculator();

    @Step("测试加法")
    public void Add(){
        calculator.clear();
        calculator.add(2);
        calculator.add(3);
        assertEquals(5, calculator.getResult());
    }

    @Step("测试减法")
    public void Subtract(){
        calculator.clear();
        calculator.add(5);
        calculator.subtract(3);
```

```
            assertEquals(2, calculator.getResult());
    }

    @Step("测试乘法")
    public void Multiply(){
            calculator.clear();
            calculator.add(3);
            calculator.multiply(2);
            assertEquals(6, calculator.getResult());
    }

    @Step("测试除法")
    public void Divide(){
            calculator.clear();
            calculator.add(9);
            calculator.divide(3);
            assertEquals(3, calculator.getResult());
    }

    @Test
    @Feature("测试简易计算器的加减乘除")
    @Severity(SeverityLevel.BLOCKER)
    @Issue("http://192.168.0.156/1")
    @Link(name="TestCase",url="http://www.testin.com/1")
    @Description("测试简易计算器的加法、减法、乘法和除法的功能")
    @DisplayName("测试简易计算器的加减乘除")
    @Story("简易计算器")
    @Epic("计算器")
    public void TestCalculator()throws FileNotFoundException {
            Allure.addAttachment("附件","这是一个附件");
            Allure.addAttachment("添加图片", "image/jpeg", new FileInputStream
("./Calculator.jpeg"),"jpeg");
            Add();
            Subtract();
            Multiply();
            Divide();
    }
    @Test
    @Description("测试简易计算器除 0 异常_1")
    @DisplayName("测试简易计算器除 0 异常")
    @Feature("测试简易计算器除 0 异常_1")
    @Severity(SeverityLevel.MINOR)
    @Issue("http://192.168.0.156/2")
    @Link(name="TestCase",url="http://www.testin.com/2")
    @Story("简易计算器")
    @Epic("计算器")
    public void TheFirstDivideByZeroThrowsException(){
            try {
              calculator.add(8);
              calculator.divide(0);
              fail("测试除数为 0 失败");
```

```
        } catch (java.lang.ArithmeticException anArithmeticException){
          assertTrue(anArithmeticException.getMessage().contains("/ by zero"));
        }
    }

    @Test(expected = java.lang.ArithmeticException.class)
    @Description("测试简易计算器除 0 异常_2")
    @DisplayName("测试简易计算器除 0 异常")
    @Feature("测试简易计算器除 0 异常_2")
    @Severity(SeverityLevel.MINOR)
    @Issue("http://192.168.0.156/3")
    @Link(name="TestCase",url="http://www.testin.com/3")
    @Story("简易计算器")
    @Epic("计算器")
    public void TheSecondDivideByZeroThrowsException(){
        calculator.add(8);
        calculator.divide(0);
    }

    @Rule
    public ExpectedException thrown = ExpectedException.none();

    @Test
    @Description("测试简易计算器除 0 异常_3")
    @DisplayName("测试简易计算器除 0 异常")
    @Feature("测试简易计算器除 0 异常_3")
    @Severity(SeverityLevel.MINOR)
    @Link(name="TestCase",url="http://www.testin.com/4")
    @Issue("http://192.168.0.156/4")
    @Story("简易计算器")
    @Epic("计算器")
    public void TheThirdDivideByZeroThrowsException()
        throws java.lang.ArithmeticException {
            thrown.expect(java.lang.ArithmeticException.class);
            thrown.expectMessage("/ by zero");
            calculator.add(8);
            calculator.divide(0);
    }
}
```

8）在 pom.xml 目录下运行：

```
C:\myjava\JUnit\AllureJUnit4>mvn clean test
[INFO] Scanning for projects...
[WARNING]
[WARNING] Some problems were encountered while building the effective model for
org.example:AllureDemo:jar:1.0-SNAPSHOT
[WARNING] 'build.plugins.plugin.version' for org.apache.maven.plugins:maven-
compiler-plugin is missing. @ line 19, column 11
[WARNING]
[WARNING] It is highly recommended to fix these problems because they threaten
the stability of your build.
```

```
[WARNING]
[WARNING] For this reason, future Maven versions might no longer support building
such malformed projects.
[WARNING]
[INFO]
[INFO] -----------------< org.example:AllureDemo >-----------------------
…
[INFO] ------------------------------------------------------------
[INFO] T E S T S
[INFO] ------------------------------------------------------------
[INFO] Running AllureJUnit4.com.jerry.CalculatorTest
SLF4J:Failed to load class "org.slf4j.impl.StaticLoggerBinder".
SLF4J:Defaulting to no-operation (NOP)logger implementation
SLF4J:See  http://www.slf4j.org/codes.html#StaticLoggerBinder  for  further
details.
[INFO] Tests run:4, Failures:0, Errors:0, Skipped:0, Time elapsed:2.49 s - in
AllureJUnit4.com.jerry.CalculatorTest
[INFO]
[INFO] Results:
[INFO]
[INFO] Tests run:4, Failures:0, Errors:0, Skipped:0
[INFO]
[INFO] ------------------------------------------------------------
[INFO] BUILD SUCCESS
[INFO] ------------------------------------------------------------
[INFO] Total time:8.312 s
[INFO] Finished at:2022-11-11T17:32:45+08:00
[INFO] ------------------------------------------------------------
```

9）然后运行：

```
C:\myjava\JUnit\AllureJUnit4>allure serve .\target\allure-results
```

10）系统会自动打开浏览器显示测试结果，测试结果概要如图 4-29 所示，每个
测试用例的详细结果如图 4-30 所示。

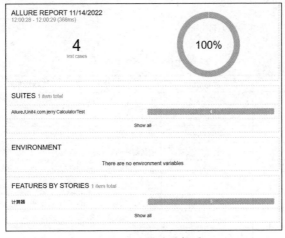

图 4-29　测试结果概要

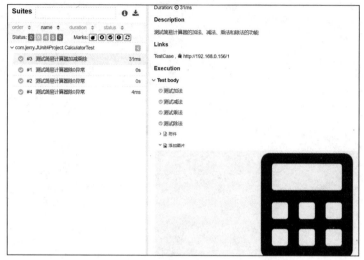

图 4-30　每个测试用例结果的详细信息

2. Allure 支持的 API

当使用 Allure 时，一般需要引入下面的类：

```
import io.qameta.allure.Allure;
import io.qameta.allure.Description;
import io.qameta.allure.Epic;
import io.qameta.allure.Feature;
import io.qameta.allure.Issue;
import io.qameta.allure.Link;
import io.qameta.allure.Severity;
import io.qameta.allure.SeverityLevel;
import io.qameta.allure.Step;
import io.qameta.allure.Story;
import io.qameta.allure.junit4.DisplayName;
```

3. Allure 装饰器

Allure 装饰器，如表 4-3 所示。

表 4-3　Allure 装饰器

装饰器	参数值	参数说明
@Feature	模块名称	用例按照模块区分
@Story	用例名称	用例描述
@DisplayName	用例标题	用例标题
@Description	用例描述	测试用例的详细描述
@Attachment	附件	添加测试报告附件（文本、图片、视频等）
@Severity	用例等级	包括 blocker、critical、normal、minor、trivial
@Link	定义链接	定义一个需要在测试报告中展示的链接
@Issue	缺陷地址	对应缺陷管理系统中的缺陷地址
@Step	操作步骤	测试用例的操作步骤

1）@Attachment

在 TestCalculator 中存在如下代码：

```
1    @Attachment(type="附件",value="这是一个附件")
2    public void TestCalculator()throws FileNotFoundException {
3            Allure.addAttachment("添加图片", "image/jpeg", new FileInputStream
     ("./Calculator.jpeg"),"jpeg");
```

第 1 行：测试报告包含一个附件，类型："附件"，值："这是一个附件"。

第 2 行：如果找不到文件，则抛出 FileNotFoundException 异常。

第 3 行：添加附件，名称："添加图片"；文件格式："image/jpeg"；文件名及路径：./Calculator.jpeg；文件后缀："jpeg"。

@Attachment 支持以下格式的代码。

- TEXT = ("text/plain", "txt")。
- CSV = ("text/csv", "csv")。
- TSV = ("text/tab-separated-values", "tsv")。
- UI_LIST = ("text/uri-list", "uri")。
- HTML = ("text/html", "html")。
- XML = ("application/xml", "xml")。
- JSON = ("application/json", "json")。
- YAML = ("application/yaml", "yaml")。
- PCAP = ("application/vnd.tcpdump.pcap", "pcap")。
- PNG = ("image/png", "png")。
- JPG = ("image/jpg", "jpg")。
- SVG = ("image/svg-xml", "svg")。
- GIF = ("image/gif", "gif")。
- BMP = ("image/bmp", "bmp")。
- TIFF = ("image/tiff", "tiff")。
- MP4 = ("video/mp4","mp4")。
- OGG = ("video/ogg", "ogg")。
- WEBM = ("video/webm", "webm")。
- PDF = ("application/pdf", "pdf")。

2）@Severity

@Severity 为测试用例的严重等级，共分为 5 个等级。

@Severity(SeverityLevel.BLOCKER)：阻塞缺陷。

@Severity(SeverityLevel.CRITICAL)：严重缺陷。

@Severity(SeverityLevel.NORMAL)：一般缺陷。

@Severity(SeverityLevel.MINOR)：次要缺陷。

@Severity(SeverityLevel.TRIVIAL)：轻微缺陷。

3）@Issue

@Issue 对应缺陷管理系统中的缺陷地址，静态用例描述可以通过@Issue(URL)方法实现，也可以通过@Issue(name="TestCase",url="URL")方法实现（URL 为这个测试用例对应缺陷报告的 URL）。动态用例描述只能通过 Allure.issue("title","URL")方法实现。

4）@Link

@Link 定义一个需要在测试报告中展示的链接，静态用例描述可以通过@Link (URL)方法实现，也可以通过@Link (name="TestCase",url="URL")方法实现（URL 为这个测试用例要展示链接的 URL）。动态用例描述只能通过 Allure.link("title","URL")方法实现。

4. 静态用例描述与动态用例描述

类似于@Description("测试加法")的叫作静态用例描述；类似于 Allure.description ("测试加法")的叫作动态用例描述，写在测试方法的内部。下面是改写的CalculatorTest.java：

```
import java.io.FileInputStream;
import java.io.FileNotFoundException;

@Feature("简易计算器")
public class CalculatorTest {
private static Calculator calculator = new Calculator();

public void Add(){
    Allure.step("测试加法");
    calculator.clear();
    calculator.add(2);
    calculator.add(3);
    assertEquals(5, calculator.getResult());
}

public void Subtract(){
    Allure.step("测试减法");
    calculator.clear();
    calculator.add(5);
    calculator.subtract(3);
    assertEquals(2, calculator.getResult());
}
```

```java
public void Multiply(){
Allure.step("测试乘法");
    calculator.clear();
    calculator.add(3);
    calculator.multiply(2);
    assertEquals(6, calculator.getResult());
}


public void Divide(){
    Allure.step("测试除法");
    calculator.clear();
    calculator.add(9);
    calculator.divide(3);
    assertEquals(3, calculator.getResult());
}


@Test
public void TestCalculator()throws FileNotFoundException {
    Allure.description("测试简易计算器的加法、减法、乘法和除法的功能");
    Allure.feature("测试简易计算器的加减乘除");
    Allure.link("TestCase","http://www.testin.com/1");
    Allure.story("简易计算器");
    Allure.epic("计算器");
    Allure.issue("缺陷", "http://192.168.0.156/1");
    Allure.description("测试简易计算器加减乘除");
    Add();
    Subtract();
    Multiply();
    Divide();
}


@Test
@DisplayName("测试简易计算器除 0 异常")
public void TheFirstDivideByZeroThrowsException(){
    Allure.description("测试简易计算器除 0 异常_1");
    Allure.feature("测试简易计算器除 0 异常_1");
    Allure.link("TestCase","http://www.testin.com/2");
    Allure.story("简易计算器");
    Allure.epic("计算器");
    Allure.issue("缺陷", "http://192.168.0.156/2");
    Allure.description("测试简易计算器加减乘除");
    try {
        calculator.add(8);
        calculator.divide(0);
```

```java
            fail("测试除数为 0 失败");
        } catch (java.lang.ArithmeticException anArithmeticException){
            assertTrue(anArithmeticException.getMessage().contains("/ by zero"));
        }
}


@Test(expected = java.lang.ArithmeticException.class)
@DisplayName("测试简易计算器除 0 异常")
public void TheSecondDivideByZeroThrowsException(){
    Allure.description("测试简易计算器除 0 异常_2");
    Allure.feature("测试简易计算器除 0 异常_2");
    Allure.link("TestCase","http://www.testin.com/3");
    Allure.story("简易计算器");
    Allure.epic("计算器");
    Allure.issue("缺陷", "http://192.168.0.156/3");
    Allure.description("测试简易计算器加减乘除");
    calculator.add(8);
    calculator.divide(0);
}


@Rule
public ExpectedException thrown = ExpectedException.none();

@Test
@DisplayName("测试简易计算器除 0 异常")
public void TheThirdDivideByZeroThrowsException()
    throws java.lang.ArithmeticException {
    Allure.description("测试简易计算器除 0 异常_3");
    Allure.feature("测试简易计算器除 0 异常_3");
    Allure.link("TestCase","http://www.testin.com/4");
    Allure.story("简易计算器");
    Allure.epic("计算器");
    Allure.issue("缺陷", "http://192.168.0.156/4");
    Allure.description("测试简易计算器加减乘除");
    thrown.expect(java.lang.ArithmeticException.class);
    thrown.expectMessage("/ by zero");
    calculator.add(8);
    calculator.divide(0);
    }
}
```

　　动态用例描述的测试报告结果与静态用例描述的一致，两种方法的装饰器如表 4-4 所示。

表 4-4　静态方法装饰器与动态方法装饰器

静态方法装饰器	动态方法装饰器
@Feature	Allure.feature
@Story	Allure.story
@DisplayName（仅支持 JUnit 4）	无
@Description	Allure.description
@Severity	无
@Link	Allure.link
@Issue	Allure.issue
@Step	Allure.step
@Attachment(type=Str,value=Str)	Allure.addAttachment

5. Allure 测试环境描述

创建属性文件 environment.properties：

```
Project Name=Calculator
Author = Jerry Gu
System Version= Win10
java version "1.8.0_131"
Allure Version= 2.20.1
```

在运行 mvn clean test 后，先运行如下命令：

```
copy environment.properties .\target\allure-results
allure serve .\target\allure-results
```

然后展示 Allure 测试报告，在报告中可以看见 environment.properties 文件的信息，如图 4-31 所示。

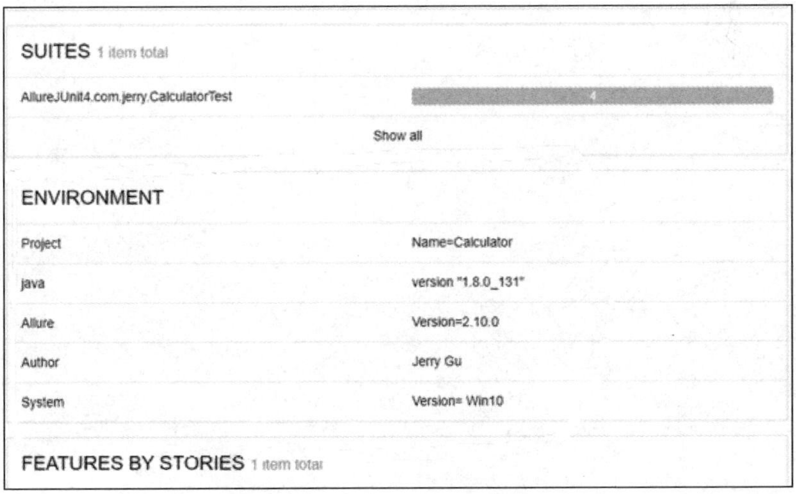

图 4-31　Allure 测试环境描述

4.4　JUnit 5

JUnit 5 是 JUnit 4 的升级版本，由不同子项目的 JUnit Platform、JUnit Jupiter、JUnit Vintage 三个模块组成。

- JUnit Platform：其是在 JVM 上启动测试框架的基础，不仅支持 JUnit 自制的测试引擎，而且也可以接入其他测试引擎；提供了从命令行启动平台的 Console Launcher 和支持 JUnit 4 环境的 JUnit4 based Runner。IDE 一般都集成了 JUnit Platform，比如 IntelliJ IDEA。
- JUnit Jupiter：JUnit 5 新特性，结合了新的 programming model 和 extension model，以便在 JUnit 5 中编写测试和扩展；提供了在平台上运行基于 Jupiter 的 Test Engine。
- JUnit Vintage：提供了在平台上运行基于 JUnit 3 和 JUnit 4 的测试引擎，兼顾原有的项目。

4.4.1　JUnit 5 的测试代码

下面创建的 JUnit 5 项目为 JUnit5Project，包为 com.jerry。其作为 Maven 项目，所有的被测代码都被放在 JUnit5Project\src\main\java\com\jerry 目录下，测试代码都被放在 JUnit5Project\ src\test\java\com\jerry 下。

仍以第 4.3.1 节介绍的被测代码为例，将 Calculator.java 复制到 JUnit5Project\src\main\java\com\jerry 下，并在 JUnit5Project\src\test\java\com\jerry 目录下创建测试代码 CalculatorTest.java：

```
1    public class CalculatorTest {
2        private static Calculator calculator = new Calculator();
3
4        @BeforeEach
5        public void setUp()throws Exception {
6            calculator.clear();
7        }
8
9        @Test
10       @DisplayName("测试加法")
11       public void testAdd(){
12           calculator.add(2);
13           calculator.add(3);
14           Assertions.assertEquals(5, calculator.getResult());
15       }
16
17       @Test
18       @DisplayName("测试减法")
19       public void testSubtract(){
```

```
20              calculator.add(5);
21              calculator.subtract(3);
22              Assertions.assertEquals(2, calculator.getResult());
23          }
24
25          @Test
26          @DisplayName("测试乘法")
27          public void testMultiply(){
28              calculator.add(3);
29              calculator.multiply(2);
30              Assertions.assertEquals(6, calculator.getResult());
31          }
32
33          @Test
34          @DisplayName("测试除法")
35          public void testDivide(){
36              calculator.add(9);
37              calculator.divide(3);
38              Assertions.assertEquals(3, calculator.getResult());
39          }
```

第 4 行：@BeforeEach 类似于 JUnit 4 中的@Before，在每个测试用例之前执行。

第 10 行：新的装饰器@ DisplayName(字符串)用于显示字符串，而非方法名。

第 11 行：JUnit 5 使用 org.junit.jupiter.api.Assertions 类进行断言。

运行结果如图 4-32 所示。

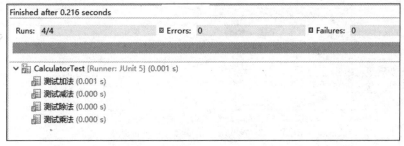

图 4-32　JUnit 5 运行结果

可见，这里显示的不是函数名，而是@DisplayName 后的字符串，效果更加友好。

4.4.2　与 JUnit 5 相关的 API

使用 JUnit 5 一般需要引入以下的类：

```
import static org.junit.jupiter.api.Assertions.assertAll;
import static org.junit.jupiter.api.Assertions.assertEquals;
import static org.junit.jupiter.api.Assertions.assertNotEquals;

import org.junit.jupiter.api.*;
import org.junit.jupiter.api.extension.ExtendWith;
import org.junit.jupiter.api.Assertions;
```

```
import org.junit.jupiter.api.DisplayName;
import org.junit.jupiter.api.RepeatedTest;
import org.junit.jupiter.api.Test;
import org.junit.jupiter.api.BeforeEach;
import org.junit.jupiter.api.Disabled;
import org.junit.jupiter.api.DisplayName;
import org.junit.jupiter.api.TestFactory;
import org.junit.jupiter.params.ParameterizedTest;
import org.junit.jupiter.params.provider.Arguments;
import org.junit.jupiter.params.provider.CsvFileSource;
import org.junit.jupiter.params.provider.EnumSource;
import org.junit.jupiter.params.provider.MethodSource;
import org.junit.jupiter.params.provider.ValueSource;
import org.junit.jupiter.api.DynamicTest;

import org.junit.platform.runner.JUnitPlatform;
import org.junit.platform.suite.api.SelectClasses;
import org.junit.platform.suite.api.SelectPackages;
import org.junit.runner.RunWith;
```

4.4.3　JUnit 5 的装饰器

表 4-5 所示为 JUnit 5 的装饰器。

表 4-5　JUnit 5 装饰器

装饰器	含义
@DisplayName	为测试类或者测试方法设置展示名称
@BeforeAll	表示在所有单元测试之前执行
@AfterAll	表示在所有单元测试之后执行
@BeforeEach	表示在每个单元测试之前执行，类似于 JUnit 4 中的@Before
@AfterEach	表示在每个单元测试之后执行，类似于 JUnit 4 中的@After
@Disabled	表示测试类或测试方法不被执行，类似于 JUnit 4 中的@Ignore
@Timeout	表示如果测试方法运行超过了指定时间，将会返回错误，类似于 JUnit 4 中的 (timeout=XXX)，这种方法适用于 JUnit 5.5.2 以后的版本
@RepeatedTest	表示方法可重复执行
@ParameterizedTest	表示方法是参数化测试，类似于 JUnit 4 中的@RunWith(Parameterized.class)
@Tag	表示单元测试类别，类似于 JUnit 4 中的@Categories
@ExtendWith	为测试类或测试方法提供扩展类引用

创建测试代码 MyFirstJunit5Test.java：

```
public class MyFirstJunit5Test {
    @BeforeAll
    @DisplayName("所有用例开始时执行")
    public static void startALL(){
        System.out.println("BeforeAll");
    }

    @AfterAll
```

```
@DisplayName("所有用例开始时执行")
public static void endAll(){
    System.out.println("AfterAll");
}

@BeforeEach
@DisplayName("每条用例开始时执行")
void start(){
    System.out.println("BeforeEach");
}

@AfterEach
@DisplayName("每条用例结束时执行")
void end(){
    System.out.println("AfterEach");
}

@Test
void myFirstTest(){
    System.out.println("myFirstTest");
    Assertions.assertEquals(2, 1 + 1);
}

@Test
@DisplayName("描述测试用例")
void testWithDisplayName(){
    System.out.println("testWithDisplayName");
}

@Test
@Disabled("这条用例暂时运行失败，忽略！")
void myFailTest(){
  System.out.println("Disabled Testcase");
  Assertions.assertEquals(1,2);
}
}
```

测试结果如图 4-33 所示。

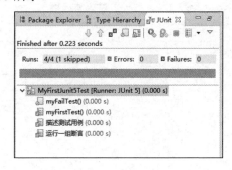

图 4-33　MyFirstJunit5Test 运行结果

输出结果如下：

```
1    BeforeAll
2    BeforeEach
3    myFirstTest
4    AfterEach
5    BeforeEach
6    testWithDisplayName
7    AfterEach
8    BeforeEach
9    运行一组断言
10   AfterEach
11   AfterAll
```

注意：通过@BeforeAll 和@AfterAll 注解的方法必须是静态的，否则会抛出运行错误。

- @BeforeAll 和@AfterAll 后面的方法分别在所有测试用例开始和结束时运行，分别在第 1 行与第 11 行中输出。
- @BeforeEach 和@AfterEach 分别与 JUnit 4 中的@Before 和@After 类似，在每个测试用例执行之前和之后运行，分别对应输出结果的[第 2 行和第 4 行]、[第 5 行和第 7 行]和[第 8 行和第 10 行]。
- myFirstTest()：由于其没有@DisplayName 装饰器，因此在输出结果中显示的是函数名称。
- testWithDisplayName()：由于其有@DisplayName 装饰器，因此在输出结果中显示的是@DisplayName 后的字符串。
- myFailTest()：由于其有@Disabled 装饰器，因此这个测试用例不执行。

4.4.4　JUnit 5 的断言

JUnit 5 使用 org.junit.jupiter.api.Assertions 中定义的断言函数，如表 4-6 所示。

表 4-6　JUnit 5 的断言函数

断言函数	解释
assertEquals(int expected, int actual) assertEquals(int expected, int actual, String message) assertEquals(int expected, int actual, Supplier<String> messageSupplier)	断言期望值等于实际值，测试通过
assertNotEquals(Object expected, Object actual) assertNotEquals(Object expected, Object actual, String message) assertNotEquals(Object expected, Object actual, Supplier<String> messageSupplier)	断言期望值不等于实际值，测试通过
assertArrayEquals(int[] expected, int[] actual) assertArrayEquals(int[] expected, int[] actual, String message) assertArrayEquals(int[] expected, int[] actual, Supplier<String> messageSupplier)	断言数组的期望值等于实际值，测试通过

续表

断言函数	解释
assertIterableEquals(Iterable<?> expected, Iterable> actual) assertIterableEquals(Iterable<?> expected, Iterable> actual, String message) assertIterableEquals(Iterable<?> expected, Iterable> actual, Supplier<String> messageSupplier)	断言期望的可迭代项和实际的高度相等，测试通过
assertLinesMatch()	断言期望的字符串列表与实际列表相匹配，测试通过
assertNotNull(Object actual) assertNotNull(Object actual, String message) assertNotNull(Object actual, Supplier<String> messageSupplier)	断言实际值不为空，测试通过
assertNull(Object actual) assertNull(Object actual, String message) assertNull(Object actual, Supplier<String> messageSupplier)	断言实际值为空，测试通过
assertNotSame(Object actual) assertNotSame(Object actual, String message) assertNotSame(Object actual, Supplier<> messageSupplier)	断言预期和实际不引用同一个对象，测试通过
assertSame(Object actual) assertSame(Object actual, String message) assertSame(Object actual, Supplier<String> messageSupplier)	断言预期和实际引用同一个对象，测试通过
assertTimeout(Duration timeout, Executable executable) assertTimeout(Duration timeout, Executable executable, String message) assertTimeout(Duration timeout, Executable executable, Supplier<String> messageSupplier) assertTimeout(Duration timeout, ThrowingSupplier<T> supplier, String message) assertTimeout(Duration timeout, ThrowingSupplier<T> supplier, Supplier<String> messageSupplier)	超时断言，如果超时，Executable 或 ThrowingSupplier 不会中断
assertTimeoutPreemptively (Duration timeout, Executable executable, Supplier<String> messageSupplier) assertTimeoutPreemptively (Duration timeout, ThrowingSupplier<T> supplier, String message) assertTimeoutPreemptively (Duration timeout, ThrowingSupplier<T> supplier, Supplier<String> messageSupplier)	超时断言，如果超时，Executable 或 Throwing Supplier 的执行将被抢先中止
assertTrue(boolean condition) assertTrue(boolean condition, String message) assertTrue(boolean condition, Supplier<String> messageSupplier) assertTrue(BooleanSupplier booleanSupplier) assertTrue(BooleanSupplier booleanSupplier, String message) assertTrue(BooleanSupplier booleanSupplier, Supplier<String> messageSupplier)	提供的条件为真，测试通过
assertFalse(boolean condition) assertFalse(boolean condition, String message) assertFalse(boolean condition, Supplier<String> messageSupplier) assertFalse(BooleanSupplier booleanSupplier) assertFalse(BooleanSupplier booleanSupplier, String message) assertFalse(BooleanSupplier booleanSupplier, Supplier<String> messageSupplier)	提供的条件为假，测试通过

续表

断言函数	解释
public static \<T extends Throwable\> T assertThrows(Class\<T\> expectedType, Executable executable)	异常断言
fail(String message) fail(Throwable cause) fail(String message, Throwable cause) fail(Supplier\<String\> messageSupplier)	仅使测试失败

1. 超时断言

超时断言类似于 JUnit 4 中的@Test (timeout=毫秒)：

```
1    @Test
2    public void squareRoot(){
3        Assertions.assertTimeoutPreemptively(Duration.of(2,
     ChronoUnit.SECONDS), ()-> calculator.squareRoot(4))
4    }
```

其中，第 3 行中的"2"为数量，"ChronoUnit.SECONDS"为单位，这里为秒。这段代码表示，如果 calculator.squareRoot(4)方法超过 2 秒没有反应，则认为测试失败。

2. 测试异常

将除法函数的被测代码改为：

```
public void divide(int n){
    try {
        result = result / n;
    }catch(ArithmeticException ex){
            System.out.println(ex);
            throw new ArithmeticException("The n not allowed to 0!!")
    }
}
```

测试代码如下：

```
1    @Test
2    @DisplayName("测试除 0 异常")
3    public void testDivideByZero(){
4      calculator.add(9);
5      Throwable exception = Assertions.assertThrows(ArithmeticException.class,
     ()-> calculator.divide(0));
6      Assertions.assertEquals("The n not allowed to 0!!",exception.getMessage());
7          }
```

第 5 行：表示 calculator.divide(0)方法将抛出 ArithmeticException.class 异常类。

第 6 行：表示异常类的信息为 The n not allowed to 0!!。

4.4.5　JUnit 5 的依赖注入

之前 JUnit 版本的类构造方法和测试方法都不能有参数，JUnit 5 有一个颠覆性的改进，就是允许它们入参，这样就能做依赖注入了。

　　ParameterResolver 是一个接口类，当类构造方法和测试方法运行时，必须由注册的 ParameterResolver 进行解析。JUnit 5 有以下三个自动注册的内置解析器。

- TestInfoParameterResolver：其参数类型为 TestInfo。
- RepetitionInfoParameterResolver：其参数类型为 RepetitionInfo。
- TestReporterParameterResolver：其参数类型为 TestReporter。

1. TestInfoParameterResolver:TestInfo

TestInfo 包含以下五种方法。

- getDisplayName()：获得@DisplayName 后的字符串。
- getTags()：获得@Tag 后的字符串。
- getTestMethod()：获得测试方法。
- getClass()：获得 TestInfoParameterResolver 类的完整信息。
- getTestClass()：获得测试类。

创建测试文件 dependentInjection.java：

```
1    class dependentInjection {
2        @Test
3        @Tag("TestInfo")
4        @DisplayName("依赖注入:TestInfo")
5        public void testInfo(final TestInfo testInfo){
6            System.out.println("getDisplayName:"+testInfo.getDisplayName());
7            System.out.println("getTags:"+testInfo.getTags());
8            System.out.println("getTestMethod:"+testInfo.getTestMethod());
9            System.out.println("getTestClass:"+testInfo.getTestClass());
10           System.out.println("getClass:"+testInfo.getClass());
11           Assertions.assertEquals(2, 1 + 1);
12       }
13   }
```

　　第 6 行：testInfo.getDisplayName()方法用于显示@DisplayName 后的字符串。

　　第 7 行：testInfo.getTags()方法用于显示@Tag 后的字符串。

　　第 8 行：testInfo.getTestMethod()方法用于显示当前的方法名。

　　第 9 行：testInfo.getTestClass()方法用于显示当前的测试类。

　　第 10 行：testInfo.getClass()方法用于显示当前使用的类。

　　运行结果如下：

```
getDisplayName:依赖注入:TestInfo
getTags:[TestInfo]
getTestMethod:Optional[public   void   com.jerry.dependentInjection.testInfo
(org.junit.jupiter.api.TestInfo)]
getTestClass:Optional[class com.jerry.dependentInjection]
getClass:class
```

```
org.junit.jupiter.engine.extension.TestInfoParameterResolver$DefaultTestInfo
```

2. RepetitionInfoParameterResolver:RepetitionInfo

其主要是@RepeatedTest 会用到，包含当前重复次数、总重复次数等信息，在第 4.4.9 节中会进行详细介绍。

3. TestReporterParameterResolver:TestReporter

TestReporter 能用来输出额外的信息。在 dependentInjection.java 中添加：

```
1    @Test
2    @DisplayName("依赖注入:TestReporter1")
3    void reportSingleValue(TestReporter testReporter){
4            testReporter.publishEntry("I am Jerry");
5    }
6    @Test
7    @DisplayName("依赖注入:TestReporter2")
8    void reportKeyValuePair(TestReporter testReporter){
9            testReporter.publishEntry("key", "value");
10   }
11   @Test
12   @DisplayName("依赖注入:TestReporter3")
13   void reportMultipleKeyValuePairs(TestReporter testReporter){
14           Map<String, String> values = new HashMap<>();
15           values.put("user name", "jerry");
16           values.put("birthday", "1972");
17           testReporter.publishEntry(values);
18   }
```

第 3 行：信息为"时间戳+字符串"。

第 8 行：信息为"时间戳+ key=value"。

第 13 行：信息为"时间戳+ HashMap"。

输出结果如下，包括输出时间和输出内容：

```
TestIdentifier [依赖注入:TestReporter1]
ReportEntry [timestamp = 2022-10-13T12:50:00.666, value = 'I am Jerry']
TestIdentifier [依赖注入:TestReporter3]
ReportEntry [timestamp = 2022-10-13T12:50:00.685, birthday = '1972', user name
= 'jerry']
TestIdentifier [依赖注入:TestReporter2]
ReportEntry [timestamp = 2022-10-13T12:50:00.692, key = 'value']
```

4.4.6 传递自定义参数

通过@ExtendWith 传递自定义参数。

1）通过本书配套资源获得 RandomParametersExtension.java 文件并放在测试目录下（Java\Extension\）。

2）创建 MyRandomParametersTest.java 测试文件：

```
1    @ExtendWith(RandomParametersExtension.class)
2    class MyRandomParametersTest {
3        @Test
4        void injectsInteger(@Random int i, @Random int j){
5            System.out.println(i);
6            System.out.println(j);
7            assertNotEquals(i, j);
8        }
9        @Test
10       void injectsDouble(@Random double d){
11           System.out.println(d);
12           assertEquals(0.0, d, 1.0);
13       }
14   }
```

第 1 行：使用 RandomParametersExtension.class 进行测试。

第 4 行：由于连续产生的两个 int 类型的随机数不同，因此第 7 行是通过的。

第 10 行：由于产生的 double 随机数是介于 0～1 的浮点数，因此第 12 行是通过的。

除了 RandomParametersExtension.class，还经常使用以下类。

● MockitoExtension：用于 Mockito 测试，在第 4.6.4 节进行介绍。

● SpringExtention：用于测试 Spring 框架，本书不进行介绍。

4.4.7　JUnit 5 参数化测试

JUnit 5 的参数化包括单参数、Enum 参数、方法参数（多参数）和 CVS 文件参数化，下面进行介绍。

1. 单参数

```
1    @ParameterizedTest
2    @ValueSource(ints = {1,2,3,4})
3    @DisplayName("参数化测试_单参数")
4    public void parameterizedTest(int param){
5        calculator.add(param);
6        calculator.add(-1 * param);
7        Assertions.assertEquals(0, calculator.getResult());
8    }
```

第 1 行：表示下面是参数类测试方法。

第 2 行：表示分别赋值整型参数 1、2、3 和 4。

运行结果如图 4-34 所示。

▽ 🖽 参数化测试_单参数 (0.023 s)
　　🔲 [1] 1 (0.023 s)
　　🔲 [2] 2 (0.017 s)
　　🔲 [3] 3 (0.006 s)
　　🔲 [4] 4 (0.003 s)

图 4-34　单参数测试结果

除了@ValueSource，JUnit 5 单参数标签还有其他两种，如表 4-7 所示。

表 4-7　JUnit 5 单参数标签

标签	解释
@ValueSource	为参数化测试指定入参来源，支持基础类及 String 类型和 Class 类型
@NullSource	表示为参数化测试提供一个 null 入参
@EnumSource	表示为参数化测试提供一个枚举入参

其中，@ValueSource 包括以下四种类型，如表 4-8 所示。

表 4-8　@ValueSource 的四种类型

类型	举例
String values	@ValueSource(strings = {"foo", "bar", "da"})
Double values	@ValueSource(doubles = {1.5D, 2.2D, 3.0D})
Long values	@ValueSource(longs = {2L, 4L, 8L})
Integer values	@ValueSource(ints = {2, 4, 8})

2. Enum 参数

```
1  import java.util.concurrent.TimeUnit;
2  …
3
4  @ParameterizedTest
5  @EnumSource(value = TimeUnit.class, names = {"SECONDS", "MINUTES"})
6  @DisplayName("参数化测试_Enum 参数")
7  void testTimeUnitJustSecondsAndMinutes(TimeUnit unit){
8      Assertions.assertTrue(EnumSet.of(TimeUnit.SECONDS,TimeUnit.MINUTES).
   contains(unit));
9      Assertions.assertFalse(EnumSet.of(TimeUnit.DAYS,TimeUnit.HOURS,TimeUnit.
   MILISECONDS,TimeUnit.NANOSECONDS,TimeUnit.MICROSECONDS).contains(unit));
```

第 1 行：引入 java.util.concurrent.TimeUnit 类。

第 5 行：在 Enum 参数中定义 TimeUnit.SECONDS 和 TimeUnit.MINUTES。

第 8 行：检测 Enum 类中是否包含 TimeUnit.SECONDS 和 TimeUnit.MINUTES。由于 Enum 参数包含 TimeUnit.SECONDS 和 TimeUnit.MINUTES，因此断言为 Assertions.assertTrue 是正确的。

第 9 行：检测 Enum 类中是否包含 TimeUnit.DAYS、TimeUnit.HOURS、TimeUnit. MILLISECONDS、TimeUnit.NANOSECONDS 和 TimeUnit. MICROSECONDS。由于 Enume 参数仅包含 TimeUnit.SECONDS 和 TimeUnit.MINUTES，因此断言为 Assertions.assertFalse 仍然是正确的。

运行结果如图 4-35 所示。

3. 方法参数（多参数）

方法参数可以有一个或多个参数。

图 4-35　Enum 参数测试结果

注意：测试方法的输入必须是流格式。

```
1    @ParameterizedTest
2    @MethodSource("paramGenerator")
3    @DisplayName("参数化测试_方法参数(多参数)")
4    void MethodParameForSquareRoot(int param, int result){
5        calculator.squareRoot(param);
6        Assertions.assertEquals(result, calculator.getResult());
7    }
8
9    static Stream<Arguments> paramGenerator(){
10       return Stream.of(Arguments.of(4,2), Arguments.of(9,3), Arguments.of(16,4));
11   }
```

第 2 行：通过@MethodSource 引用创建的流 paramGenerator。

第 4 行：测试方法的参数 int param 和 int result 分别对应流参数的第 1 个参数值
与第 2 个参数值。

第 5、6 行：利用获取的参数进行测试。

第 10 行：创建流 paramGenerator，返回 Arguments.of(4,2)、Arguments.of(9,3)和
Arguments.of(16,4)三个参数。

运行结果如图 4-36 所示。

4. CSV 文件参数化

创建 data.csv 文件，内容如图 4-37 所示。

图 4-36　方法参数（多参数）测试结果

图 4-37　data.csv

```
1    @ParameterizedTest
2    @CsvFileSource(resources = "data.csv")
3    @DisplayName("参数化测试-csv 文件")
4    @Disabled
5    public void parameterizedCVSFile(int param, int result){
6        calculator.squareRoot(param);
7        Assertions.assertEquals(result, calculator.getResult());
8    }
```

第 2 行：表示使用 CSV 文件参数化进行测试，CSV 文件为 data.csv。

第 5 行：表示将 CSV 文件的第一行作为 param，第二行作为 result，CSV 文件有几行就遍历几次。

第 6、7 行：表示使用 CSV 文件参数化进行测试。

运行结果如图 4-38 所示。

图 4-38　CSV 文件参数化测试结果

4.4.8　内嵌测试类

一般一个产品类对应一个测试类，而利用 JUnit 5 可以实现类的嵌套。首先，创建测试文件 NestedTestDemo.java：

```
1    public class NestedTestDemo {
2        @BeforeEach
3        void init(){
4            System.out.println("测试方法执行前准备");
5        }
6        @Nested
7        @DisplayName("第一个内嵌测试类")
8        class FirstNestTest {
9            @Test
10           void test(){
11               System.out.println("第一个内嵌测试类执行测试");
12           }
13       }
14       @Nested
15       @DisplayName("第二个内嵌测试类")
16       class SecondNestTest {
17           @Test
18           void test(){
19               System.out.println("第二个内嵌测试类执行测试");
20           }
21       }
22   }
```

第 1 行：定义主类 NestedTestDemo。

第 3 行：主类的初始化方法。

第 8 行：定义第一个嵌套类 FirstNestTest。

第 16 行：定义第二个嵌套类 SecondNestTest。

NestedTestDemo 类中嵌套了 FirstNestTest 类和 SecondNestTest 类，运行测试用例，弹出图 4-39 所示的窗口。

图 4-39　运行 NestedTestDemo 弹出的窗口

然后，选择"FirstNestTest-com.jerry.NestedTestDemo"，运行 FirstNestTest 类下的测试方法，测试结果如图 4-40 所示。选择"SecondNestTest-com.jerry.NestedTestDemo"，运行 SecondNestTest 类下的测试方法，测试结果如图 4-41 所示。

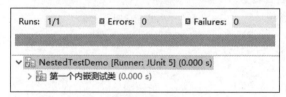

图 4-40　运行 FirstNestTest 类下
测试方法的测试结果

图 4-41　运行 SecondNestTest 类下
测试方法的测试结果

最后，选择"NestedTestDemo-com.jerry"，分别运行 FirstNestTest 类和 SecondNestTest 类下的测试方法，测试结果如图 4-42 所示。

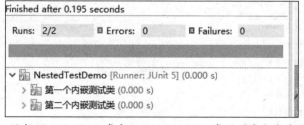

图 4-42　运行 FirstNestTest 类和 SecondNestTest 类下测试方法的测试结果

4.4.9　重复测试

在 JUnit 5 中，可以使用@RepeatedTest 装饰器让一个测试用例运行多次。测试代码 repeatTest.java：

```
1    public class repeatTest {
2        private static Calculator calculator = new Calculator();
3
4        @BeforeEach
5        public void setUp()throws Exception {
6            calculator.clear();
7        }
8
9        @RepeatedTest(5)
10       @DisplayName("重复测试")
11       public void testSubtractManyTimes(){
12           calculator.add(5);
13           calculator.subtract(3);
14           Assertions.assertEquals(2, calculator.getResult());
15       }
16   }
```

其中，第 9 行表示重复执行 5 次。这个测试用例将被执行 5 次，测试结果如图 4-43 所示。

在第 4.4.5 节中提及 RepetitionInfo，其可用于重复测试：

```
1    @RepeatedTest(5)
2    @DisplayName("重复测试带上 RepetitionInfo")
3    void repeatedTestWithRepetitionInfo(RepetitionInfo repetitionInfo){
4        calculator.add(5);
5        calculator.subtract(3);
6        Assertions.assertEquals(2, calculator.getResult());
7        Assertions.assertEquals(5, repetitionInfo.getTotalRepetitions());
8        System.out.println(repetitionInfo.getCurrentRepetition());
9    }
```

其中，第 1 行表示重复执行 5 次。第 7 行中的 repetitionInfo.getTotalRepetitions()方法表示获得运行次数。第 8 行中的 repetitionInfo.getCurrentRepetition()方法表示获得当前的运行次数。

测试结果如图 4-44 所示。

图 4-43　重复测试的测试结果 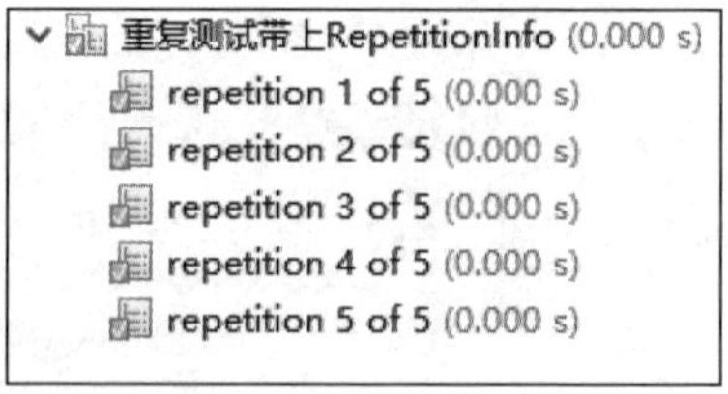　　图 4-44　重复测试带上 RepetitionInfo 的测试结果

测试输出如下：

```
1
2
3
4
5
```

在重复测试中有一些常量，看下列代码：

```
1     @RepeatedTest(value = 5, name = "{displayName}
  {currentRepetition}/{totalRepetitions}")
2     @DisplayName("Repeat!")
3     void customDisplayName(RepetitionInfo repetitionInfo,TestInfo testInfo){
4         Assertions.assertEquals(testInfo.getDisplayName(),        "Repeat!
  "+repetitionInfo.getCurrentRepetition()+"/"+repetitionInfo.getTotalRepet
  itions());
5     }
```

第 1 行中的 value = 5 表示重复运行 5 次；name = "{displayName} {currentRepetition}/
{totalRepetitions}"表示显示名为"{displayName}当前运行次数/总共运行次数"。其中，
{displayName}为@DisplayName 中字符串的内容；{currentRepetition}为当前的重复次
数；{totalRepetitions}为总共的重复次数。

再看下列代码：

```
1  @RepeatedTest(value = 5, name = RepeatedTest.LONG_DISPLAY_NAME)
2  @DisplayName("Details...")
3  void customDisplayNameWithLongPattern(RepetitionInfo
   repetitionInfo,TestInfo testInfo){
4    assertEquals(testInfo.getDisplayName(), "Details...::repetition
   "+repetitionInfo.getCurrentRepetition()+" of
   "+repetitionInfo.getTotalRepetitions());
5  }
```

第 1 行中的 RepeatedTest.LONG_DISPLAY_NAME 表示{displayName}::repetition
{currentRepetition} of {totalRepetitions}。另外，RepeatedTest.SHORT_DISPLAY_NAME
表示 repetition {currentRepetition} of {totalRepetitions}。

4.4.10　动态测试

动态测试是由工厂方法运行模式时生成的，该方法用@TestFactory 注释。与@Test
不同的是，@TestFactory 本身不是测试用例，而是测试用例的工厂，因此动态测试属
于工厂的产品。从技术上讲，@TestFactory 必须返回 DynamicNode 实例流、集合或
迭代器。

```
1     @TestFactory
2     @DisplayName("动态测试")
3     Iterator<DynamicTest> dynamicTests(){
```

```
4          return Arrays.asList(
5          dynamicTest("第1个动态测试", () ->{calculator.squareRoot(4);
           Assertions.assertEquals(2, calculator.getResult());}),
6          dynamicTest("第2个动态测试", () ->{calculator.squareRoot(9);
       Assertions.assertEquals(3, calculator.getResult());}),
7          dynamicTest("第3个动态测试", () ->{calculator.squareRoot(16);
       Assertions.assertEquals(4, calculator.getResult());}),
8          dynamicTest("第4个动态测试", () ->{calculator.squareRoot(25);
       Assertions.assertEquals(5, calculator.getResult());})
9          ).iterator();
10     }
```

其中，第1行表示使用工厂方法。第3行表示使用动态迭代测试。第5、6、7、8行
分别表示第1～4个动态测试。第9行表示迭代。

4.4.11　分组断言 assertAll

示例如下：

```
1  @Test
2  @DisplayName("开根号分组断言")
3  public void testGroup(){
4     int[] parem = {4, 9, 16, 25, 36};
5     int[] result ={2, 3, 4, 5, 6};
6     Assertions.assertAll("parem,result",
          () ->
   {calculator.squareRoot(parem[0]);Assertions.assertEquals(result[0],
   calculator.getResult());},
7          () ->
   {calculator.squareRoot(parem[1]);Assertions.assertEquals(result[1],
   calculator.getResult());},
8          () ->
   {calculator.squareRoot(parem[2]);Assertions.assertEquals(result[2],
   calculator.getResult());},
9          () ->
   {calculator.squareRoot(parem[3]);Assertions.assertEquals(result[3],
   calculator.getResult());},
10         () ->
   {calculator.squareRoot(parem[4]);Assertions.assertEquals(result[4],
   calculator.getResult());}
11    );
```

其中，第4行为参数的集合。第5行为结果的集合。第6行开始执行测试。

在分组断言中，任何一个断言发生失败都会抛出 MultipleFailuresError 进行提示。
另外，可以看出使用分组断言也可以实现单参数和多参数。

4.4.12　批量测试

在 JUnit 5 中，可以使用@SelectClasses 选择项目中的所有类进行批量测试，

格式为@ SelectClasses ({packagename1.classname1.class,packagename1.classname2.class, packagename2.classname3.class})。

创建测试代码 Alltest.java：

```
1  @RunWith(JUnitPlatform.class)
2  @SelectClasses ({com.jerry.CalculatorTest.class,
3      com.jerry.repeatTest.class,
4      com.jerry.MyFirstJunit5Test.class})
5  public class Alltest
6  {
7  }
```

其中，第 1 行使用 JUnitPlatform.class 运行测试。第 2~4 行运行 com.jerry.CalculatorTest.class、com.jerry.repeatTest.class 和 com.jerry.MyFirstJunit5Test.class 三个类。

也可以利用@SelectPackages 选择项目中所要测试的包，格式为@SelectPackages ({"com.Account.pack1", "com.Account.pack2", "com.Account.pack3"})（注意：包名用双引号引起来）。比如，在 JUnit5Project 项目中，包括 com.jerry、com.HttpUnit 和 com.Account.JUnit5Project 三个包。修改测试代码 Alltest.java：

```
1  @RunWith(JUnitPlatform.class)
2  @SelectPackages({"com.Account.JUnit5Project",
3      "com.HttpUnit",
4      "com.jerry"})
5  public class Alltest
6  {
7  }
```

其中，第 1 行使用 JUnitPlatform.class 运行测试。第 2 行运行 com.jerry、com.HttpUnit 和 com.Account.JUnit5Project 三个包中的所有类。

4.4.13　利用 Maven 运行

1）JUnit 5 的 pom.xml 文件：

```
<project xmlns="http://maven.apache.org/POM/4.0.0" xmlns:xsi=
"http://www.w3.org/2001/XMLSchema-instance"
  xsi:schemaLocation="http://maven.apache.org/POM/4.0.0
http://maven.apache.org/xsd/maven-4.0.0.xsd">
  <modelVersion>4.0.0</modelVersion>

  <groupId>org.example</groupId>
  <artifactId>JUnit5</artifactId>
  <version>1.0-SNAPSHOT</version>

  <name>com.jerry</name>
  <url>http://maven.apache.org</url>

<build>
```

```
  <plugins>
    <plugin>
        <groupId>org.apache.maven.plugins</groupId>
        <artifactId>maven-site-plugin</artifactId>
        <version>3.3.0</version>
    </plugin>
    <plugin>
        <groupId>org.apache.maven.plugins</groupId>
        <artifactId>maven-compiler-plugin</artifactId>
        <configuration>
            <source>8</source>
            <target>8</target>
            <encoding>UTF8</encoding>
        </configuration>
        <version>3.8.1</version>
    </plugin>
    <plugin>
        <artifactId>maven-surefire-plugin</artifactId>
        <version>3.0.0-M5</version>
    </plugin>
    <plugin>
        <artifactId>maven-failsafe-plugin</artifactId>
        <version>3.0.0-M5</version>
    </plugin>
  </plugins>
</build>

<dependencies>
    <dependency>
        <groupId>org.junit.jupiter</groupId>
        <artifactId>junit-jupiter</artifactId>
        <version>5.8.2</version>
        <scope>test</scope>
    </dependency>
</dependencies>
</project>
```

由于 JUnit 5 由 JUnit Platform、JUnit Jupiter、JUnit Vintage 三个模块组成，因此可以使用 JUnit Jupiter 或 JUnit Vintage 运行 JUnit 5。上面为 JUnit Jupiter 的 pom.xml 配置，JUnit Vintage 的 pom.xml 配置如下：

```
<dependency>
    <groupId>org.junit.vintage</groupId>
    <artifactId>junit-vintage-engine</artifactId>
    <version>5.6.2</version>
    <scope>test</scope>
</dependency>
```

一般而言，使用 JUnit Jupiter 的情况比较多。

2）在项目上右击 pom.xml 文件，选择菜单"Run As→9 Maven test"，如图 4-45
所示。

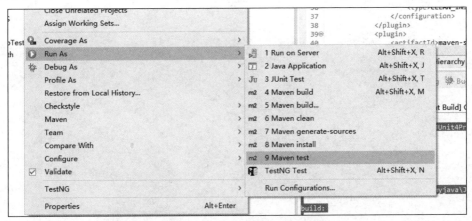

图 4-45　在 Eclipse 中利用 Maven 运行 JUnit test

4.4.14　配合 Allure 生成漂亮的 JUnit 5 测试报告

与 JUnit 4 一样，JUnit 5 的测试结果也可以通过 Allure 进行展示，其方法与 JUnit 4
的类似。但是 pom.xml 对于 JUnit 4、JUnit 5 及下一节介绍的 TestNG 都有各自的配置
方式。JUnit 5 配置 Allure 的步骤如下。

1）在 pom.xml 的<dependencies>…</dependencies>中添加：

```
    <dependency>
        <groupId>org.junit.jupiter</groupId>
        <artifactId>junit-jupiter</artifactId>
        <version>5.8.2</version>
        <scope>test</scope>
    </dependency>
    <!-- 运行后自动在当前项目目录生成测试结果目录: allure-results -->
    <dependency>
        <groupId>io.qameta.allure</groupId>
        <artifactId>allure-junit5</artifactId>
        <version>2.13.6</version>
        <scope>test</scope>
        <scope>compile</scope>
    </dependency>
    <dependency>
        <groupId>log4j</groupId>
        <artifactId>log4j</artifactId>
        <version>1.2.17</version>
    </dependency>
    <dependency>
        <groupId>org.slf4j</groupId>
        <artifactId>slf4j-simple</artifactId>
        <version>1.7.25</version>
```

```
        <scope>compile</scope>
    </dependency>
```

2）在\<build\>\<plugins\>…\</plugins\>\</build\>中添加：

```
<plugin>
    <artifactId>maven-surefire-plugin</artifactId>
    <version>3.0.0-M5</version>
<configuration>
        <includes>
            <!-- 默认测试文件的命名规则：
                "**/Test*.java"
                "**/*Test.java"
                "**/*Tests.java"
                "**/*TestCase.java"
                如果现有测试文件不符合以上命名，则可以在 pom.xml 中添加自定义规则
            -->
            <include>**/**.java</include>
        </includes>
        <!-- 在 target 目录下自动生成原生的测试结果目录：/allure-results -->
        <systemProperties>
            <property>
                <name>allure.results.directory</name>
                <value>${project.build.directory}/allure-results</value>
            </property>
            <property>
                <name>allure.link.issue.pattern</name>
                <value>https://example.org/issue/{}</value>
            </property>
        </systemProperties>
    </configuration>
</plugin>
```

3）创建被测文件 CalculatorTest.java：

```
public class CalculatorTest {
    private static Calculator calculator = new Calculator();

    @Step("测试加法")
    public void Add(){
        calculator.clear();
        calculator.add(2);
        calculator.add(3);
        Assertions.assertEquals(5, calculator.getResult());
    }

    @Step("测试减法")
    public void Subtract(){
        calculator.clear();
        calculator.add(5);
        calculator.subtract(3);
        Assertions.assertEquals(2, calculator.getResult());
```

```java
    }

    @Step("测试乘法")
    public void Multiply(){
        calculator.clear();
        calculator.add(3);
        calculator.multiply(2);
        Assertions.assertEquals(6, calculator.getResult());
    }

    @Step("测试除法")
    public void Divide(){
        calculator.clear();
        calculator.add(9);
        calculator.divide(3);
        Assertions.assertEquals(3, calculator.getResult());
    }

    @Test
    @Feature("测试简易计算器的加减乘除")
    @Severity(SeverityLevel.BLOCKER)
    @Issue("http://192.168.0.156/1")
    @Link(name="TestCase",url="http://www.testin.com/1")
    @Description("测试简易计算器的加法、减法、乘法和除法的功能")
    @DisplayName("测试简易计算器的加减乘除")
    @Story("简易计算器")
    @Epic("计算器")
    public void tTestCalculator(){
        Add();
        Subtract();
        Multiply();
        Divide();
    }

    @Test
    @DisplayName("重复测试")
    @Description("测试简易计算器的重复测试")
    @Feature("测试简易计算器的加减乘除重复测试")
    @Link(name="TestCase",url="http://www.testin.com/2")
    @Severity(SeverityLevel.MINOR)
    @Issue("http://192.168.0.156/2")
    @Story("简易计算器")
    @Epic("计算器")
    @RepeatedTest(5)//表示重复执行 5 次
    public void testSubtractManyTimes(){
        calculator.clear();
        calculator.add(5);
        calculator.subtract(3);
        Assertions.assertEquals(2, calculator.getResult());
    }
}
```

4）在 pom.xml 目录下运行：

```
C:\myjava\JUnit\AllureJUnit5>mvn clean test
[INFO] Scanning for projects...
[WARNING]
[WARNING] Some problems were encountered while building the effective model for
org.example:AllureDemo:jar:1.0-SNAPSHOT
[WARNING]  'dependencies.dependency.version'  for  org.junit.jupiter:junit-
jupiter:jar is either LATEST or RELEASE (both of them are being deprecated)@
line 62, column 22
[WARNING]
[WARNING] It is highly recommended to fix these problems because they threaten
the stability of your build.
[WARNING]
[WARNING] For this reason, future Maven versions might no longer support building
such malformed projects.
[WARNING]
[INFO]
[INFO] --------------------< org.example:AllureDemo >----------------------
…
[INFO] -------------------------------------------------------------
[INFO]  T E S T S
[INFO] -------------------------------------------------------------
…
[INFO] Tests run:7, Failures:0, Errors:0, Skipped:0, Time elapsed:0.499 s - in
AllureJUnit5.com.jerry.CalculatorTest
[INFO]
[INFO] Results:
[INFO]
[INFO] Tests run:7, Failures:0, Errors:0, Skipped:0
[INFO]
[INFO] -------------------------------------------------------------------
[INFO] BUILD SUCCESS
[INFO] -------------------------------------------------------------------
[INFO] Total time:6.743 s
[INFO] Finished at:2022-11-11T16:20:48+08:00
[INFO] -------------------------------------------------------------------
```

5）创建文件 environment.properties：

```
Project Name=Calculator
Author = Jerry Gu
System Version= Win10
java version "1.8.0_131"
Allure Version= 2.20.1
```

6）运行：

```
copy environment.properties .\target\allure-results
allure serve .\target\allure-results
```

7）自动打开浏览器显示测试结果，如图 4-46 所示。

图 4-46　Allure JUnit 5 测试报告

4.5　TestNG

TestNG（Test Next Generation）也是 Java 的一个测试框架，号称 Java 的下一代测试框架。在 JUnit 5 面世之前，TestNG 使用相当广泛，但是随着 JUnit 5 的出现，它们逐渐平分秋色。

4.5.1　TestNG 的使用和运行

1）被测对象仍以第 4.3.1 节的被测代码为例。

2）测试代码 CalculatorTest.java：

```
1    public class CalculatorTest {
2        private static Calculator calculator = new Calculator();
3
4        @BeforeMethod
5        public void setUp()throws Exception {
6            calculator.clear();
7        }
8
9        @Test
10       public void testAdd(){
11           calculator.add(2);
12           calculator.add(3);
13           Assert.assertEquals(5, calculator.getResult());
14       }
15
16       @Test
17       public void testSubtract(){
18           calculator.add(5);
19           calculator.subtract(3);
20           Assert.assertEquals(2, calculator.getResult());
21       }
22
23       @Test
```

```
24        public void testMultiply(){
25            calculator.add(3);
26            calculator.multiply(2);
27            Assert.assertEquals(6, calculator.getResult());
28        }
29
30        @Test
31        public void testDivide(){
32            calculator.add(9);
33            calculator.divide(3);
34            Assert.assertEquals(3, calculator.getResult());
35        }
36    }
```

其中,第4行中的的@BeforeMethod在每种测试方法之前运行,相当于JUnt 4的@Before和JUnt 5的@eforeEach。第13行中TestNG的断言都来自org.testng.*下的类。

TestNG有以下两种运行方式。

（1）直接运行。右击测试类,在弹出的窗口中选择菜单"Run As→2 TestNG Test",如图4-47所示。

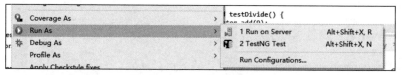

图 4-47　TestNG 直接运行

（2）以 XML 方式运行。XML 文件可以与测试代码在同一个目录下,也可以不在。创建testng.xml文件:

```
1    <?xml version="1.0" encoding="UTF-8"?>
2    <suite name="Suite" parallel="false">
3      <test name="Test">
4        <classes>
5          <class name="com.jerry.TestNG.CalculatorTest"/>
6        </classes>
7      </test> <!-- Test -->
8    </suite> <!-- Suite -->
```

其中,第5行中com.jerry.TestNG.CalculatorTest为TestNG的类文件。

右击XML文件,在弹出的窗口中选择"Run As→1 TestNG Suite",如图4-48所示。

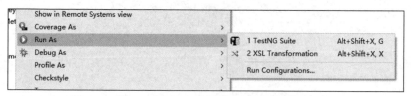

图 4-48　TestNG 以 XML 方式运行

4.5.2　testng.xml 文件与 Suite 测试

下面介绍 testng.xml 文件与 Suite 测试。

1）首先声明 Suite 的名字，用于描述要运行的测试脚本集。

```
1  <?xml version="1.0" encoding="UTF-8"?>
2   <suite name = "SuiteName" verbose = "1">
3   <test name = "TestName">
```

其中，第 2 行中 verbose 是命令行信息的打印等级，其值为 0～10，10 为最详细。

2）然后选择测试脚本的几种分类。

- 包：

```
<package>
<package name = "packageName" />
</package>
```

- 类：

```
<classes>
<class name = "className" />
</classes>
```

- 方法：

```
<classes>
<class name = "className" />
<methods>
<include name = "methodName" />
</methods>
</class>
</classes>
```

其中，include（包含）标注的将会被运行；exclude（排除）标注的不会被运行。

```
<groups>
<run>
<include name = "includedGroupName" />
<exclude name = "excludedGroupName" />
</run>
</groups>
```

3）几个例子。

- 选择一个包中的全部测试脚本（包含子包）：

```
<?xml version="1.0" encoding="UTF-8"?>
<suite name="1st suite" verbose="1" >
<test name = "allTestsInAPackage" >
    <packages>
      <package name = "com.jerry.*" />
    </packages>
</test>
</suite>
```

- 选择一个类中的全部测试脚本：

```xml
<?xml version="1.0" encoding="UTF-8"?>
<suite name="2rd suite" verbose="1" >
<test name = "allTestsInAClass" >
   <classes>
     <class name=" com.jerry.CalculatorTest />
   </classes>
</test>
</suite>
```

- 选择一个类中的部分测试脚本：

```xml
<?xml version="1.0" encoding="UTF-8"?>
<suite name="3rd suite" verbose="1" >
<test name = "FewTestsFromAClass" >
   <classes>
     <class name="com.jerry" >
       <methods>
         <include name = "testAdd" />
         <include name = "testSubtract" />
         <include name = "testMultiply" />
<include name = "testDivide" />
       </methods>
     </class>
   </classes>
</test>
</suite>
```

- 选择一个包中的某些组：

```xml
<?xml version="1.0" encoding="UTF-8"?>
<suite name="4th suite" verbose="1" >
<test name = "includedGroupsInAPackage" >
   <groups>
     <run>
       <include name = "includedGroup" />
     </run>
   </groups>
   <packages>
     <package name = "com.jerry.*" />
   </packages>
</test>
</suite>
```

- 排除一个包中的某些组：

```xml
<?xml version="1.0" encoding="UTF-8"?>
<suite name="5th suite" verbose="1" >
<test name = "excludedGroupsInAPackage" >
   <groups>
     <run>
       <exclude name = "excludedGroup" />
     </run>
```

```
    </groups>
    <packages>
       <package name = "com.jerry.*"/>
    </packages>
</test>
</suite>
```

由此可见，通过 testng.xml 文件可以进行 TestNG 套件测试，其中测试套件是指
用于测试软件程序的行为或一组行为测试用例的集合，并且具有被执行的功能。在
TestNG 中，无法在测试源代码中定义套件，但它可以由 XML 文件表示。XML 文件
还允许灵活配置要运行的测试。套件可以包含一个或多个测试，并由<suite>标记定义，
<suite>是 testng.xml 的根标记。XML 文件描述了一个测试套件，由几个
对组成。表 4-9 中列出了<suite>接受的所有定义的合法属性。

表 4-9　<suite>接受的所有定义的合法属性

属性	描述
name	套件的名称，这是一个强制属性
verbose	测试用例运行的级别或详细程度，其值为 0~10，10 为最详细
parallel	TestNG 是否通过运行不同的线程来运行这个套件，默认为 none，其他级别为 methods、tests、classes、instances
thread-count	如果启用并行模式（忽略其他方式），则为使用的线程数
annotations	在测试中使用的注释类型
time-out	在本测试所有测试方法上使用的默认超时

下面可以运行 com.jerry.TestNG.CalculatorTest 和 com.jerry.TestNG.mytest 两个测
试类：

```
<?xml version="1.0" encoding="UTF-8"?>
<suite name="Suite" parallel="false">
  <test name="Test">
  <groups>
     <incloud name="basic"></incloud>
     <incloud name="ext"></incloud>
  </groups>
  <classes>
     <class name="com.jerry.TestNG.CalculatorTest"/>
     <class name="com.jerry.TestNG.mytest"/>
  </classes>
  </test> <!-- Test -->
</suite> <!-- Suite -->
```

4.5.3　与 TestNG 相关的 API

使用 TestNG 一般需要引入以下类：

```
import org.testng.Assert;
import org.testng.annotations.Test;
```

```
import org.testng.annotations.AfterClass;
import org.testng.annotations.AfterGroups;
import org.testng.annotations.AfterMethod;
import org.testng.annotations.AfterSuite;
import org.testng.annotations.AfterTest;
import org.testng.annotations.BeforeClass;
import org.testng.annotations.BeforeGroups;
import org.testng.annotations.BeforeMethod;
import org.testng.annotations.BeforeSuite;
import org.testng.annotations.BeforeTest;
```

4.5.4 TestNG 的装饰器

TestNG 的装饰器如表 4-10 所示。

表 4-10　TestNG 的装饰器

注解	描述
@BeforeSuite	该套件的所有测试都运行在注释的方法之前，仅运行一次
@AfterSuite	该套件的所有测试都运行在注释的方法之后，仅运行一次
@BeforeClass	在调用当前类的第一个测试方法之前运行，注释方法仅运行一次
@AfterClass	在调用当前类的第一个测试方法之后运行，注释方法仅运行一次
@BeforeTest	注释的方法在类内部所有测试方法之前运行
@AfterTest	注释的方法在类内部所有测试方法之后运行
@BeforeGroups	注释的方法在所有组之前运行。此方法保证在调用属于任何组中的第一个测试方法之前运行
@AfterGroups	注释的方法在所有组之后运行。该方法保证在调用属于任何组的最后一个测试方法之后运行
@BeforeMethod	注释方法在每个测试方法之前运行
@AfterMethod	注释方法在每个测试方法之后运行
@DataProvider	标记一种方法，用来提供测试数据。注释方法必须返回一个 Object[][]，其中每个 Object[] 都可以被分配给测试方法的参数列表。@DataProvider 定义的数据可以由@Test 作为测试数据输入，但需要使用与此注释名称相同的 dataProvider 名称（在第 4.5.11 节中将详细介绍）
@Factory	将方法标记为工厂，返回的 TestNG 被用作测试类的对象，该方法必须返回 Object []
@Listeners	定义测试类的侦听器
@Parameters	描述如何将参数传递给@Test
@Test	将类或方法标记为测试的一部分，此标记若放在类上，则该类的所有公共方法都将被作为测试方法

例如，下面的测试代码 mytest.java：

```
1    public class mytest {
2      @Test(groups="group1")
3      public void test1_1(){
4          System.out.println("test1_1 from group1");
5          Assert.assertTrue(true);
6      }
7
8      @Test(groups="group1")
9      public void test1_2(){
```

```
10          System.out.println("test1_2 from group1");
11          Assert.assertTrue(true);
12      }
13
14  @Test(groups="group2")
15  public void test2(){
16          System.out.println("test2 from group2");
17          Assert.assertTrue(true);
18      }
19
20  @BeforeTest
21  public void beforeTest(){
22          System.out.println("beforeTest");
23      }
24
25  @AfterTest
26  public void afterTest(){
27          System.out.println("afterTest");
28      }
29
30  @BeforeClass
31  public void beforeClass(){
32          System.out.println("beforeClass");
33      }
34
35  @AfterClass
36  public void afterClass(){
37          System.out.println("afterClass");
38      }
39
40  @BeforeSuite
41  public void beforeSuite(){
42          System.out.println("beforeSuite");
43      }
44
45  @AfterSuite
46  public void afterSuite(){
47          System.out.println("afterSuite");
48      }
49
50  @BeforeGroups(groups="group1")
51  public void beforeGroups(){
52          System.out.println("beforeGroups");
53      }
54
55  @AfterGroups(groups="group2")
56  public void afterGroups(){
57          System.out.println("afterGroups");
58      }
59
60  @BeforeMethod
```

```
61      public void beforeMethod(){
62          System.out.println("beforeMethod");
63      }
64
65      @AfterMethod
66      public void afterMethod(){
67          System.out.println("afterMethod");
68      }
69  }
```

第 3、9 行：test1_1()和 test1_2()属于 group1 组。

第 15 行：test2()属于 group2 组。

第 20 行：@BeforeTest 的方法在类内部所有测试方法之前运行。

第 25 行：@AfterTest 的方法在类内部所有测试方法之后运行。

第 30 行：@BeforeClass 的方法在调用当前类第一个测试方法之前运行，且注释方法仅运行一次。

第 35 行：@AfterClass 的方法在调用当前类第一个测试方法之后运行，且注释方法仅运行一次。

第 40 行：@BeforeSuite 的方法在该套件的所有测试都运行在注释的方法之前，且仅运行一次。

第 45 行：@AfterSuite 的方法在该套件的所有测试都运行在注释的方法之后，且仅运行一次。

第 50 行：只对 group1 有效，即 test1_1()和 test1_2()。

第 55 行：只对 group2 有效，即 test2()。

第 60 行：在每个测试方法之前运行。

第 65 行：在每个测试方法之后运行。

运行结果如下：

```
beforeSuite
beforeSuite
beforeTest
beforeTest
beforeClass
beforeGroups
beforeGroups
beforeMethod
test1_1 from group1
afterMethod
beforeMethod
test1_2 from group1
afterMethod
beforeMethod
test2 from group2
```

```
afterMethod
afterClass
beforeClass
beforeMethod
test1_1 from group1
afterMethod
beforeMethod
test1_2 from group1
afterMethod
afterGroups
beforeMethod
test2 from group2
afterMethod
afterGroups
afterClass
afterTest
afterTest
afterSuite
afterSuite
PASSED:test1_1
PASSED:test1_2
PASSED:test2
```

通过运行上面的测试用例，可以了解各个装饰器的作用。

4.5.5　TestNG 的断言

TestNG 的断言在 org.testng.Assert 类中定义，如表 4-11 所示。

表 4-11　TestNG 的断言

定义	作用
Assert.assertEquals(actual,expected)	判断 actual 与 expected 相等
SoftAssert	软断言

SoftAssert assertion = new SoftAssert;
assertion. assertEquals(actual,expected);
asserttion.assertAll();
	说明：断言不通过的话，可以继续运行下面的程序

Assert.assertNotNull	判断对象非空
Assert.assertTure	断言条件表达式是否为真
Assert.assertsame	断言对象是否相等，equals 是值的比较，same 是内存地址的比较

4.5.6　异常测试

异常测试通过在@Test 注解后加入预期的 Exception 来添加。代码如下：

```
1    @Test(expectedExceptions = ArithmeticException.class)
2    public void testDivideByZero(){
3        calculator.add(9);
4        calculator.divide(0);
```

```
5        System.out.println("After division the value is :0 ");
6    }
```

其中，第 1 行表示期望抛出 ArithmeticException.class 异常类。

4.5.7 忽略测试

有时候，我们写的用例没有准备好，或者本次测试不想运行，删掉用例显然是不明智的，这时可以通过注解@Test(enabled = false)将其忽略。代码如下：

```
1  @Test(enabled=false)
2  public void TestSquart(){
3      System.out.println("this is TestNG test case1");
4  }
```

其中，第 1 行表示忽略这个测试用例。

4.5.8 超时测试

TestNG 也支持超时测试，假设 squareRoot()方法没有正确实现：

```
public void squareRoot(int n){
    while(1==1);
}
```

TestNG 也提供超时测试功能，代码如下：

```
1  @Test(timeOut = 3000)
2  public void testsquareRoot()throws InterruptedException{
3          calculator.squareRoot(2);
4  }
```

其中，第 1 行表示等待 3000 毫秒，如果没有结果，则判定测试失败，抛出 ThreadTimeout Exception。

测试结果如下：

```
org.testng.internal.thread.ThreadTimeoutException:Method com.jerry.TestNG.
CalculatorTest.testsquareRoot()didn't finish within the time-out 3000
    at com.jerry.TestNG.Calculator.squareRoot(Calculator.java:27)
    at
com.jerry.TestNG.CalculatorTest.testsquareRoot(CalculatorTest.java:57)
…
```

4.5.9 分组测试

首先，分别在 testAdd()、testSubtract()、testMultiply()和 testDivide()的前缀@Test 后面加上(groups="basic")；分别在 testDivideByZero()和 testsquareRoot()的前缀@Test 后面加上(groups="ext")；然后添加下列代码：

```
1    @BeforeGroups(groups="basic")
```

```
2    public void beforeGroups1(){
3        System.out.println("Start to basic test group");
4    }
5
6    @AfterGroups(groups="basic")
7    public void afterGroups1(){
8        System.out.println("end of basic test group");
9    }
10   @BeforeGroups(groups="ext")
11   public void beforeGroups2(){
12       System.out.println("Start to ext test group");
13   }
14
15   @AfterGroups(groups="ext")
16   public void afterGroups2(){
17       System.out.println("end of ext test group");
18   }
```

其中，第 1 和 6 行将 beforeGroups1()和 afterGroups1()归为 basic 组。第 10 和 15 行将 beforeGroups2()和 afterGroups2()归为 ext 组。

运行结果如下：

```
[RemoteTestNG] detected TestNG version 6.14.3
Start to basic test group
Start to ext test group
java.lang.ArithmeticException:/by zero
end of basic test group
end of ext test group
PASSED:testAdd
PASSED:testDivide
PASSED:testDivideByZero
PASSED:testMultiply
PASSED:testSubtract
FAILED:testsquareRoot
org.testng.internal.thread.ThreadTimeoutException:Method  com.jerry.TestNG.
CalculatorTest.testsquareRoot()didn't finish within the time-out 3000
…
```

由此可见，分组测试不会影响测试方法的执行顺序，在第一个 basic 组测试方法执行之前，调用@BeforeGroups 后的测试方法；在最后一个 basic 组测试方法执行之后，调用@AfterGroups 后的测试方法。同样，在第一个 ext 组测试方法执行之前，调用@BeforeGroups 后的测试方法；在最后一个 ext 组测试方法执行之后，调用@AfterGroups 后的测试方法。

分组测试中 testng.xml 文件的配置已经在第 4.5.2 节简单介绍过，这里的配置如下：

```
<?xml version="1.0" encoding="UTF-8"?>
<suite name="Suite" parallel="false">
```

```
<test name="Test">
<groups>
  <incloud name="basic"></incloud>
  <incloud name="ext"></incloud>
</groups>
<classes>
  <class name="com.jerry.TestNG.CalculatorTest"/>
</classes>
</test> <!-- Test -->
</suite> <!-- Suite -->
```

4.5.10　依赖测试

有时候，我们需要以特定顺序调用测试用例中的方法，或者希望在方法之间共享一些数据和状态，TestNG 支持这种依赖关系，因为它支持在测试方法之间显式依赖的声明。

TestNG 允许指定依赖关系。

- 在@Test 注释中使用 dependsOnMethods 属性。
- 在@Test 注释中使用 dependsOnGroups 属性。

另外，依赖分为硬依赖和软依赖。

- 硬依赖：默认的依赖方式，即其所有依赖的方法或者组都必须全部通过，否则被标识依赖的类或者方法会被忽略，在报告中标识为 skip，如后面的范例所示。
- 软依赖：在这种方式下，其依赖的方法或者组是否全部通过不会影响被标识依赖的类或者方法的运行。注意：如果使用此方式，那么依赖者和被依赖者之间不能存在成功或失败的因果关系，否则会导致用例失败。此方法需要在注解中加入 alwaysRun=true，如@Test(dependsOnMethods= {"TestNgLearn1"}, alwaysRun=true)。

在 TestNG 中使用 dependOnMethods 和 dependsOnGroups 实现依赖测试，并且它们都支持正则表达式，看下面几个例子。

创建测试文件 dependsOnTest.java。

1）被依赖的测试方法通过：

```
1    @Test(enabled=true)
2    public void dependsOnTest_1(){
3        Assert.assertEquals(6, 6);
4        System.out.println("This is dependsOnTest_1 test case1");
5    }
6
7    @Test(dependsOnMethods= {"dependsOnTest_1"})
8    public void testcase_1(){
```

```
9        System.out.println("this is testCase_1 test case");
10       }
```

其中，第 7 行表示 testcase_1()方法依赖测试 dependsOnTest_1()方法。

运行结果如下：

```
[RemoteTestNG] detected TestNG version 6.14.3
This is dependsOnTest_1 test case1
this is testCase_1 test case
PASSED:dependsOnTest_1
PASSED:testcase_1
===============================================
    Default test
    Tests run:2, Failures:0, Skips:0
===============================================


===============================================
Default suite
Total tests run:2, Failures:0, Skips:0
===============================================
```

2）被依赖的测试方法失败：

```
1        @Test(enabled=true)
2        public void dependsOnTest_2(){
3            System.out.println("this is dependsOnTest_2 test case");
4            Assert.assertEquals(1, 2);
5        }
6
7        @Test(dependsOnMethods= {" dependsOnTest_2"})
8        public void testcase_2(){
9            System.out.println("this is testcase_2 test case");
10       }
```

其中，第 4 行表示被依赖的测试方法失败。第 7 行表示 testcase_2()方法依赖测试 dependsOnTest_2()方法。

运行结果如下：

```
[RemoteTestNG] detected TestNG version 6.14.3
SLF4J:Failed to load class "org.slf4j.impl.StaticLoggerBinder".
SLF4J:Defaulting to no-operation (NOP)logger implementation
SLF4J:See http://www.slf4j.org/codes.html#StaticLoggerBinder for further details.
org.testng.TestNGException:MyUnit.MyTestNG.dependsOnTest.testcase_2()depend
s on nonexistent method  dependsOnTest_2
…
```

结果显示，依赖测试 testcase_2()方法抛出异常。

3）组依赖。

依赖组名为 basic 的所有方法：

```
1    @Test(groups = { "basic" })
```

```
2      public void testcase1(){
3          System.out.println("this is testcase1");
4      }
5
6      @Test(groups = { "basic" })
7      public void testcase2 (){
8          System.out.println("this is testcase2");
9      }
10
11     @Test(dependsOnGroups = { "basic.*" })
12     public void method (){
13         System.out.println("this is method");
14     }
```

其中，第 11 行表示测试方法依赖测试组 basic。

运行结果如下：

```
[RemoteTestNG] detected TestNG version 6.14.3
this is testcase1
this is testcase2
this is method
PASSED:testcase1
PASSED:testcase2
PASSED:method
===============================================
    Default test
    Tests run:3, Failures:0, Skips:0
===============================================


===============================================
Default suite
Total tests run:3, Failures:0, Skips:0
===============================================
```

4）被依赖测试组中只要有一个方法测试失败，依赖测试就会被忽略：

```
1      @Test(groups = { "group" })
2      public void testgroups1(){
3          System.out.println("this is testgroups1");
4          Assert.assertEquals(6, 8);
5      }
6
7      @Test(groups = { "group" })
8      public void testgroups2 (){
9          System.out.println("this is testgroups2");
10         Assert.assertEquals(6, 6);
11     }
12
13     @Test(dependsOnGroups = { "group.*" })
14     public void mytest (){
15         System.out.println("this is mytest");
16     }
```

第 4 行：被依赖测试组中的测试方法 testgroups1()断言失败。第 7 行：被依赖测试组中的测试方法 testgroups2()断言成功。第 13 行：测试方法 mytest()依赖测试组 "group"。

测试结果如下：

```
…
this is testgroups1
this is testgroups2
…
===============================================
   Default test
   Tests run:3, Failures:1, Skips:1
===============================================


===============================================
Default suite
Total tests run:3, Failures:1, Skips:1
===============================================
```

4.5.11　TestNG 参数化测试

TestNG 参数化可以使用 testng.xml 传送参数，也可以使用@DataProvider 传递参数，下面分别进行介绍。

1. testng.xml 传送参数

在 testng.xml 文件中加入 parameter 标签，见下面黑体字所示：

```xml
<?xml version="1.0" encoding="UTF-8"?>
<suite name="Suite" parallel="false">
 <test name="Test">
   <parameter name="param1" value="2" />
   <parameter name="param2" value="4" />
   <parameter name="Result" value="8" />
   <classes>
     <class name="com.demo.test.testng.TestCase1"/>
   </classes>
 </test> <!-- Test -->
</suite> <!-- Suite -->
```

创建测试代码如下：

```
1    @Test(enabled=true)
2    @Parameters({"param1","param2","result"})
3    public void paramTest(int param1,int param2,int result){
4        calculator.add(param1);
5        calculator.multiply(param2);
6        Assert.assertEquals(result, calculator.getResult());
7    }
```

- 第 2 行：测试参数分别为 testng.xml 定义的 param1、param2 和 result。
- 第 4 行：param1 为被乘数。
- 第 5 行：param2 为乘数。
- 第 6 行：result 为期望的运算结果。

测试结果如图 4-49 所示。

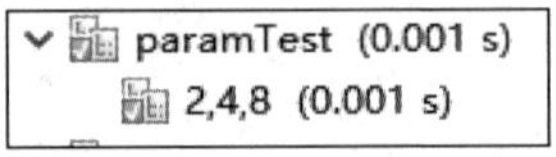

图 4-49　.xml 传送参数测试结果

2. @DataProvider 传递参数

示例如下：

```
1    @DataProvider(name = "provideNumbers")
2    public Object[][] provideData(){
3        return new Object[][] { { 1, 1, 1 }, { -1,-1,1 }, { -1,1,-1},
     { 1,-1,-1} };
4    }
5    @Test(dataProvider = "provideNumbers")
6    public void dataProviderTest(int param1, int param2,int result){
7        calculator.add(param1);
8        calculator.multiply(param2);
9        Assert.assertEquals(result, calculator.getResult());
10   }
```

第 1 行：使用@DataProvider 传递参数。

第 2 行：通过 Object[][]定义参数。

第 5 行：通过@Test(dataProvider = "provideNumbers")获得参数，provideNumbers 为@DataProvider 后面定义的名称。

第 6 行，定义 Object[][]每一组中参数的名称为 int param1、int param2 和 int result。

第 7 行：param1 为被乘数。

第 8 行：param2 为乘数。

第 9 行：result 为期望的运算结果。

测试结果如图 4-50 所示。

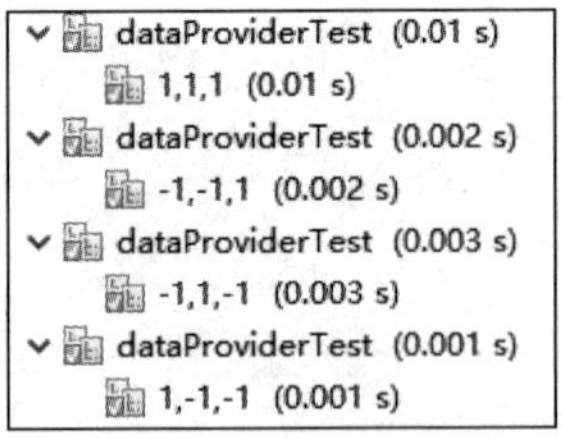

图 4-50　@DataProvider 传递参数测试结果

4.5.12 TestNG 报告

1）运行 TestNG 测试用例后，单击菜单"Project→Preferences→TestNG"可以看到默认的报告目录为 test-output，如图 4-51 所示。

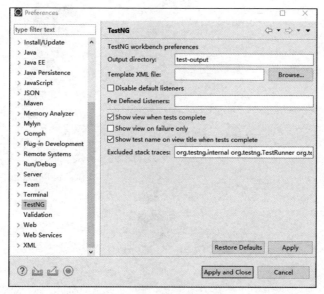

图 4-51 TestNG 报告路径

2）勾选"Disable default listeners"。

3）在"Pre Defined Listeners"输入框中输入"org.uncommons.reportng.HTMLReporter"。

4）用浏览器打开 test-output\index.html，测试结果如图 4-52 所示。

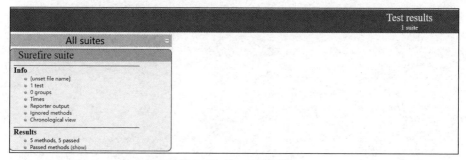

图 4-52 TestNG 报告

4.5.13 利用 Maven 运行

1）TestNG 的 pom.xml 文件：

```
<project xmlns="http://maven.apache.org/POM/4.0.0" xmlns:xsi=
"http://www.w3.org/2001/XMLSchema-instance"
 xsi:schemaLocation="http://maven.apache.org/POM/4.0.0
```

```xml
http://maven.apache.org/xsd/maven-4.0.0.xsd">
  <modelVersion>4.0.0</modelVersion>

  <groupId>TestNG</groupId>
  <artifactId>TestNG</artifactId>
  <version>0.0.1-SNAPSHOT</version>
  <packaging>jar</packaging>

  <name>TestNG</name>
  <url>http://maven.apache.org</url>

  <properties>
    <project.build.sourceEncoding>UTF-8</project.build.sourceEncoding>
    <maven.compiler.encoding>UTF-8</maven.compiler.encoding>
    <java.version>8</java.version>
    <allure.version>2.13.2</allure.version>
    <aspectj.version>1.9.5</aspectj.version>
    <suiteXmlFile>testng.xml</suiteXmlFile>
</properties>

<build>
    <plugins>
        <plugin>
            <groupId>org.apache.maven.plugins</groupId>
            <artifactId>maven-compiler-plugin</artifactId>
            <version>3.3</version>
            <configuration>
                <source>1.8</source>
                <target>1.8</target>
            </configuration>
        </plugin>
    </plugins>
</build>

  <dependencies>
    <dependency>
      <groupId>org.testng</groupId>
      <artifactId>testng</artifactId>
      <version>6.14.3</version>
      <scope>test</scope>
    </dependency>
<dependency>
      <groupId>org.uncommons</groupId>
      <artifactId>reportng</artifactId>
      <version>1.1.4</version>
      <scope>test</scope>
      <exclusions>
        <exclusion>
          <groupId>org.testng</groupId>
          <artifactId>testng</artifactId>
        </exclusion>
```

```
        </exclusions>
      </dependency>
      <dependency>
        <groupId>com.google.inject</groupId>
        <artifactId>guice</artifactId>
        <version>3.0</version>
        <scope>test</scope>
    </dependency>
  </dependencies>
</project>
```

2）在项目中右击 pom.xml 文件，选择菜单"Run As→9 Maven test"，如图 4-53 所示。

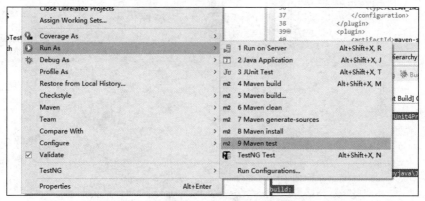

图 4-53　在 Eclipse 中使用 Maven 运行 TestNG

4.5.14　配合 Allure 生成漂亮的 TestNG 测试报告

TestNG 的测试结果也可以通过 Allure 进行展示，步骤如下。

1）在 pom.xml 文件的<dependencies>…</dependencies>中添加：

```
<dependency>
    <groupId>io.qameta.allure</groupId>
    <artifactId>allure-testng</artifactId>
    <version>2.13.6</version>
</dependency>
```

2）在<build><plugins>…</plugins></build>中添加：

```
<plugin>
    <groupId>org.apache.maven.plugins</groupId>
    <artifactId>maven-surefire-plugin</artifactId>
    <version>2.22.1</version>
      <executions>
      <execution>
        <id>default-test</id>
        <phase>test</phase>
        <goals>
```

```xml
            <goal>test</goal>
        </goals>
        <configuration>
          <argLine>${surefireArgLine}</argLine>
        </configuration>
      </execution>
    </executions>
    <configuration>
      <argLine>
        -javaagent:"${settings.localRepository}/org/aspectj/
aspectjweaver/${aspectj.version}/aspectjweaver-${aspectj.version}.jar"
      </argLine>
      <!-- 指定要执行的 testng 路径  -->
      <suiteXmlFiles>
        <suiteXmlFile>${suiteXmlFile}</suiteXmlFile>
      </suiteXmlFiles>
      <systemProperties>
        <property>
            <!-- 配置 allure 结果存储路径  -->
            <name>allure.results.directory</name>
            <value>target/allure-results</value>
        </property>
      </systemProperties>
      <!-- 出现测试异常是否继续向下执行，此选项必备，以防止异常测试场景导致执行
中断  -->
      <testFailureIgnore>true</testFailureIgnore>
    </configuration>
    <dependencies>
      <dependency>
          <groupId>org.aspectj</groupId>
          <artifactId>aspectjweaver</artifactId>
          <version>${aspectj.version}</version>
      </dependency>
    </dependencies>
  </plugin>
```

3）创建测试文件 CalculatorTest.java：

```java
import java.io.FileInputStream;
import java.io.FileNotFoundException;
…
public class CalaulatorTestAllure {
    private static Calculator calculator = new Calculator();

    @Step("测试加法")
    public void Add(){
      calculator.clear();
      calculator.add(2);
      calculator.add(3);
      Assert.assertEquals(5,calculator.getResult());
    }
```

```
@Step("测试减法")
public void Subtract(){
  calculator.clear();
  calculator.add(5);
  calculator.subtract(3);
  Assert.assertEquals(2,calculator.getResult());
}

@Step("测试乘法")
public void Multiply(){
    calculator.clear();
    calculator.add(3);
    calculator.multiply(2);
    Assert.assertEquals(6,calculator.getResult());
}

@Step("测试除法")
public void Divide(){
  calculator.clear();
  calculator.add(9);
  calculator.divide(3);
  Assert.assertEquals(3,calculator.getResult());
}


@Test
@Feature("测试简易计算器的加减乘除")
@Severity(SeverityLevel.BLOCKER)
@Issue("http://192.168.0.156/1")
@Link(name="TestCase",url="http://www.testin.com/1")
@Description("测试简易计算器的加法、减法、乘法和除法的功能")
@Story("简易计算器")
@Epic("计算器")
public void TestCalculator(){
    Add();
    Subtract();
    Multiply();
    Divide();
}

@Test(expectedExceptions = ArithmeticException.class)
@Severity(SeverityLevel.NORMAL)
@Description("测试简易计算器的除法异常")
@Feature("测试简易计算器的除法异常")
@Issue("http://192.168.0.156/2")
@Link(name="TestCase",url="http://www.testin.com/2")
@Story("简易计算器")
@Epic("计算器")
public void divisionWithException(){
    calculator.add(9);
    calculator.divide(0);
```

```
    }
    @BeforeMethod
    public void beforeMethod(){
        calculator.clear();
     }
}
```

4）在 pom.xml 目录下运行：

```
C:\myjava\JUnit\MyTestNG>mvn clean test
[INFO] Scanning for projects...
[INFO]
[INFO] ------------------------< TestNG:TestNG >------------------------
[INFO] Building TestNG 0.0.1-SNAPSHOT
[INFO] ----------------------------[ jar ]----------------------------
[INFO]
…
[INFO] Tests run:9, Failures:0, Errors:0, Skipped:0, Time elapsed:5.156 s - in
TestSuite
[INFO]
[INFO] Results:
[INFO]
[INFO] Tests run:9, Failures:0, Errors:0, Skipped:0
[INFO]
[INFO]
------------------------------------------------------------------------
[INFO] BUILD SUCCESS
[INFO]
------------------------------------------------------------------------
[INFO] Total time:12.595 s
[INFO] Finished at:2022-12-02T12:02:39+08:00
[INFO]
------------------------------------------------------------------------
```

5）创建文件 environment.properties：

```
Project Name=Calculator
Author = Jerry Gu
System Version= Win10
Test = TestNG
java version "1.8.0_131"
Allure Version= 2.20.1
```

6）运行：

```
copy environment.properties .\target\allure-results
allure serve .\target\allure-results
```

7）自动打开浏览器显示测试结果，如图 4-54 所示。

图 4-54　TestNG Allure 测试报告

4.6　测试替身

单元测试是测试一个或者多个函数和接口，当这个函数和接口与其他函数、接口有合作关系的时候，就需要测试替身了。测试替身包括桩对象（Stub Object）、伪造对象（Fake Object）、间谍对象（Spy Object）、模拟对象（Mock Object）和哑元对象（Dummy Object）。

- 桩对象：桩对象提供在测试过程中对请求调用的屏蔽式应答，通常对该测试程序之外的任何内容无响应，即桩对象只是返回一个给定的值，不会涉及系统的任何改变。它通常是测试中的控制点。
- 伪造对象：伪造对象是模拟被测系统所依赖的组件，是生产环境下被依赖组件功能实现的简化版本。伪造对象用于测试，但它既不是测试中的控制点，也不是观测点。
- 间谍对象：间谍对象可以被看作是一类桩对象，但是会记录它在被调用后的一些信息。
- 模拟对象：模拟对象通常会被作为观察点，用于验证被测系统（SUT）执行时的间接输出（即观测点）。通常，模拟对象还会发挥桩对象的作用，因为如果测试尚未失败，它必须将值返回被测系统，但其重点是验证间接输出。一个模拟对象不仅仅是一个桩对象和断言，它们的使用方式也有着根本的不同。因此，它既可以是观察点，也可以是控制点。

● 哑元对象：哑元对象在测试中仅起到占位填充符的作用，在测试中不会被使用，也不参与测试行为或状态的验证。常见的场景是，其作为被测函数的某个参数占位符，以减少参数的构造成本。

4.6.1　桩对象

桩对象是通过硬编码的方式来实现的。其已在第 1.1 节介绍过，在这里不再详细介绍。

4.6.2　伪造对象

顾名思义，伪造对象就是假货。与桩对象相比，伪造对象技术是一种比较复杂的替身技术。下面我们通过一个案例来进行描述。

创建文件 Address.java：

```java
public class Address {
    private long id;
    private String address;
    private String phone;

    public Address(long id,String address,String phone){
        this.id = id;
        this.address = address;
        this.phone = phone;
    }

    public long getId(){
        return this.id;
    }

    public String getAddress(){
        return this.address;
    }

    public String getPhone(){
        return this.phone;
    }

    public void setId(long id){
        this.id = id;
    }

    public void setAddress(String address){
        this.address= address;
    }

    public void setPhone(String phone){
        this.phone = phone;
    }
}
```

AddressRepositor.java：

```java
public interface AddressRepositor {
    void save(Address address);
    Address findById(long id);
    Address findByAddress(String Address);
    Address findByPhone(String Phone);
}
```

AddressRepositor.java 是一个接口，准备通过数据库进行查询，但是现在数据库还没有创建好，这时可以先通过 Address 类把数据放在内存中（其实即使数据库已经建好，也是先把查询的数据放在 Address 类中），然后通过内存中的数据进行查询。首先，写 FakeAddressRepositor 类来实现 AddressRepositor：

```java
import java.util.ArrayList;
import java.util.Collection;

public class FakeAddressRepositor implements AddressRepositor{
    private Collection<Address> addresses = new ArrayList<Address>();
    @Override
    public void save(Address address){
        if (findById(address.getId())==null){
            addresses.add(address);
        }

    }

    @Override
    public Address findById(long id){
        for (Address address:addresses){
            if(address.getId()==id)return address;
        }
        return null;
    }

    @Override
    public Address findByAddress(String Address){
        for (Address address:addresses){
            if(address.getAddress().equals(Address))return address;
        }
        return null;
    }

    @Override
    public Address findByPhone(String Phone){
        for (Address address:addresses){
            if(address.getPhone().equals(Phone))return address;
        }
        return null;
    }
}
```

然后，通过测试代码 AddressTest.java 测试 FakeAddressRepositor.java：

```
1    import org.junit.jupiter.api.Assertions;
2    import org.junit.jupiter.api.DisplayName;
3    import org.junit.jupiter.api.Test;
4
5    public class AddressTest {
6        private static FakeAddressRepositor AddressRepositor = new
     FakeAddressRepositor();
7        private Address address1 = new Address(1,"北京市长安街2号","15687653432");
8        private Address address2 = new Address(2,"上海市南京西路2号","13655448764");
9        private Address address3 = new Address(3,"广州市北京路5号","18900764544");
10
11       @Test
12       @DisplayName("测试存储")
13       public void testAdd(){
14           AddressRepositor.save(address1);
15           Assertions.assertEquals(1, address1.getId());
16           AddressRepositor.save(address2);
17           Assertions.assertEquals(2, address2.getId());
18           AddressRepositor.save(address3);
19           Assertions.assertEquals(3, address3.getId());
20       }
21
22       @Test
23       @DisplayName("测试通过ID寻找")
24       public void testfindById(){
25           AddressRepositor.save(address1);
26           AddressRepositor.save(address2);
27           AddressRepositor.save(address3);
28           Address MyAddress = AddressRepositor.findById(2);
29           Assertions.assertEquals(2, MyAddress.getId());
30       }
31
32       @Test
33       @DisplayName("测试通过Address寻找")
34       public void testfindByAddress(){
35           AddressRepositor.save(address1);
36           AddressRepositor.save(address2);
37           AddressRepositor.save(address3);
38           Address MyAddress = AddressRepositor.findByAddress("上海市南京西路2号");
39           Assertions.assertEquals(2, MyAddress.getId());
40       }
41
42       @Test
43       @DisplayName("测试通过Phone寻找")
44       public void testfindByPhone(){
45           AddressRepositor.save(address1);
46           AddressRepositor.save(address2);
47           AddressRepositor.save(address3);
48           Address MyAddress = AddressRepositor.findByPhone("13655448764");
```

```
49                  Assertions.assertEquals(2, MyAddress.getId());
50      }
51  }
52
```

第 6 行：定义 AddressRepositor 为 FakeAddressRepositor 类的变量。

第 7、8、9 行：定义 Address 类的 3 个变量。

第 23 行：测试通过 "ID" 寻找对应的 Address 类。

第 33 行：测试通过地址名寻找对应的 Address 类。

第 43 行：测试通过电话号码寻找对应的 Address 类。

4.6.3　间谍对象

对于没有返回值的方法，可以使用间谍对象技术来实现。在《有效的单元测试》一书中有这样一个例子。

被测对象 DLog.java：

```
1   import java.util.logging.Level;
2
3   public class DLog {
4       private final DLogTarget[] targets;
5
6       public DLog(DLogTarget... targets){
7           this.targets = targets;
8       }
9
10      public void write(Level level , String message){
11          for (DLogTarget each:targets){
12              each.write(level, message);
13          }
14      }
15  }
```

其中，第 7 行表示向 DLog 提供一些有效的 targets。第 12 行表示每个 target 都接收到相同的消息。

DLogTarget.java：

```
1   import java.util.logging.Level;
2   public interface DLogTarget {
3       void write(Level level ,String message);
4   }
```

DLogTarget 仅仅是一个接口类，提供了 write() 方法，没有返回值。首先，写 SpyTarget.java 来实现 DLogTarget 接口。

```
1   import java.util.List;
2   import java.util.ArrayList;
3   import java.util.logging.Level;
```

```
4
5    public class SpyTarget implements DLogTarget{
6        private List<String> log = new ArrayList<String>();
7
8        @Override
9        public void write(Level level ,String message){
10           log.add(concatenated(level,message));
11       }
12
13       boolean received(Level level ,String message){
14           return log.contains(concatenated(level,message));
15       }
16
17       private String concatenated(Level level ,String message){
18           return level.getName()+ ":" + message;
19       }
20   }
```

其中，第 13 行是关键，表示通过 received()方法"窃取"信息是否被写入 Log 日志中。接下来，就可以写测试代码了。DLogTest.java：

```
1    import java.util.logging.Level;
2
3    import org.junit.jupiter.api.Assertions;
4    import org.junit.jupiter.api.Test;
5
6    class DLogTest {
7        @Test
8        void writeEachMessageToAllTargets()throws Exception {
9            SpyTarget spy1 = new SpyTarget();
10           SpyTarget spy2 = new SpyTarget();
11           DLog log = new DLog(spy1,spy2);
12           log.write(Level.INFO, "this is a message");
13           Assertions.assertTrue(spy1.received(Level.INFO, "this is a message"));
14           Assertions.assertTrue(spy2.received(Level.INFO, "this is a message"));
15       }
16   }
```

第 9、10 行：定义两个 SpyTarget 类。

第 11 行：将定义的 SpyTarget 类作为 DLog 的对象。

第 12 行：调用 log.write()方法。

第 13、14 行：验证 spy1、spy2 是否写入了对应的信息。

4.6.4　模拟对象

模拟对象技术是一种特殊的间谍技术，Java 有专门的框架来支持这项技术。下面介绍基于 JUnit 5 框架的 EasyMock 和 Mockito 技术，以及基于 JUnit 4 框架的 JMock 和 PowerMock 技术。

1. EasyMock 技术

EasyMock 的优势如下。

- 不用手写：没有必要自己编写模拟对象。
- 重构安全：重构接口方法的名称或重新排序的参数不会破坏测试代码在运行时的创建。
- 返回值支持：支持返回值。
- 异常支持：支持例外和异常。
- 命令检查支持：支持检查命令方法的调用。
- 注释支持：支持使用注解创建。

1）pom.xml 文件配置

使用 EasyMock 技术需要在 JUnit 5 项目中配置 pom.xml 文件，在<dependencies>...
</dependencies>之间添加：

```
<dependency>
<groupId>org.easymock</groupId>
    <artifactId>easymock</artifactId>
   <version>5.0.1</version>
   <scope>test</scope>
 </dependency>
```

2）与 EasyMock 相关的 API

使用 EasyMock 技术，通常需要引入以下类：

```
import static org.easymock.EasyMock.createMock;
import static org.easymock.EasyMock.replay;
import static org.easymock.EasyMock.expect;
import static org.easymock.EasyMock.verify;
import static org.easymock.EasyMock.expectLastCall;
```

3）案例

创建被测示例 PersonService.java：

```
1    public class PersonService {
2        private final PersonDao personDao;
3        public PersonService(PersonDao personDao){
4            this.personDao = personDao;
5        }
6        public boolean update(int id, String name){
7            Person person = personDao.getPerson(id);
8            if (person == null)return false;
9            Person personUpdate = new Person(person.getId(), name);
10           return personDao.update(personUpdate);
11       }
12   }
```

其中，第 2 行中的 personDao 为 PersonDao 对象的类变量。第 3 行中的 PersonService()

为构造函数。第 6 行表示 update()方法根据 id 和 name 进行更新。

Person.Java：

```
1   public class Person {
2       private final int id;
3       private final String name;
4       public Person(int id, String name){
5           this.id = id;
6           this.name = name;
7       }
8       public int getId(){
9           return id;
10      }
11      public String getName(){
12          return name;
13      }
14  }
```

其中，第 2 行表示 Person 类的私有变量为 id。第 3 行表示 Person 类的私有变量为 name。第 4 行表示 Person 类的构造函数。第 8 行表示获得私有变量 id。第 11 行表示获得私有变量 name。

PersonDao.Java：

```
1   public interface PersonDao {
2       Person getPerson(int id);
3       boolean update(Person person);
4   }
```

其中，PersonDao 是一个接口类。第 2 行表示通过 id 获得 Person 类。第 3 行表示更新 Person 信息。

创建测试示例 TestAccountServiceEasyMock.java：

```
1   class PersonServiceEasymock {
2       private PersonDao mockPersonDao;
3       @BeforeEach
4       public void setUp()
5       {
6           mockPersonDao = createMock("mockPersonDao", PersonDao.class);
7       }
8
9       @Test
10      @DisplayName("测试 testUpdate")
11      public void testUpdate()
12      {
13          PersonService personService = new PersonService(mockPersonDao);
14
15          Person person = new Person(1, "Person1");
16          expect(mockPersonDao.getPerson(1)).andReturn(person).times(1);
```

```
17        expect(mockPersonDao.update(isA(Person.class))).andReturn(true).
   times(1);
18        replay(mockPersonDao);
19
20     boolean result = personService.update(1, "Person1");
21        System.out.print(result);
22        Assertions.assertTrue(result);
23     }
24
25     @AfterEach
26     public void tearDown(){
27        verify(mockPersonDao);
28     }
29 }
```

第 6 行：通过 createMock 初始化 EasyMock。

第 16 行：模拟 PersonDao.getPerson(1)方法执行一次，返回 person 对象。

第 17 行：PersonDao.update(Person)方法执行一次，返回 true 对象。isA(Person.class)
表示产生一个 Person 对象，适用于在方法内定义的新类。

第 27 行：verify（模拟对象）进行行为验证。

4）EasyMock 详细介绍

（1）有以下两种方式生成 EasyMock。

● 一种是使用 EasyMock 动态构建 ResultSet 接口的模拟对象。

```
ResultSet mockResultSet = createMock(ResultSet.class);
```

● 如果想要在相对复杂的测试用例中使用多个模拟对象，EasyMock 提供了另外
一种生成和管理模拟对象的机制。

```
IMocksControl control = EasyMock.createControl();
java.sql.Connection mockConnection = control.createMock(Connection.class);
java.sql.Statement mockStatement = control.createMock(Statement.class);
java.sql.ResultSet mockResultSet = control.createMock(ResultSet.class);
```

（2）设定模拟对象的预期行为和输出。

在一个完整的测试过程中，模拟对象会经历两种状态：Record 状态和 Replay 状
态。模拟对象一经创建，它的状态就被置为 Record。在 Record 状态下，用户可以设
定模拟对象的预期行为和输出，前面设定的模拟对象的行为会被录制下来，并保存在
模拟对象中。添加模拟对象行为的过程通常可以分为以下三步。

● 对模拟对象的特定方法调用。

● 通过 org.easymock.EasyMock 提供的静态类 expectLastCall 获取上一次方法调
用所对应的 IExpectationSetters 实例。

● 通过 IExpectationSetters 实例设定模拟对象的预期输出。

静态类 expectLastCall 具有表 4-12 列出的几种方法。

表 4-12　expectLastCall 类具有的几种方法

方法	说明
expectLastCall.times(int minTimes, int maxTimes)	该方法最少被调用 minTimes 次，最多被调用 maxTimes 次
expectLastCall.atLeastOnce()	该方法至少被调用一次
expectLastCall.anyTimes()	该方法可以被调用任意次

（3）将模拟对象切换到 Replay 状态。

在 Replay 状态下，模拟对象能够根据设定对特定的方法调用做出预期的响应。将模拟对象切换成 Replay 状态有两种方式，需要根据 Mock 对象的生成方式进行选择。

- 如果 EasyMock 是通过 org.easymock.EasyMock 类提供的静态方法 createMock() 生成的，可以通过 replay(mockResultSet) 方法切换到 Replay 状态。
- 如果 EasyMock 是通过 IMocksControl 接口提供的 createMock() 方法生成的，可以通过 control.replay() 方法切换到 Replay 状态。

（4）调用模拟对象方法进行单元测试。在将模拟对象切换到 Replay 状态后，就可以调用模拟对象方法进行单元测试了。

（5）对模拟对象的行为进行验证。最后，必须对模拟对象的行为进行验证。同样，验证方式需要根据模拟对象的生成方式进行选择。

- 如果 EasyMock 是通过 org.easymock.EasyMock 类提供的静态方法 createMock() 生成的，可以通过 verify(mockResultSet) 方法进行行为验证。
- 如果 EasyMock 是通过 IMocksControl 接口提供的 createMock() 方法生成的，可以通过 control.verify() 方法进行行为验证。

2. JMock 技术

目前，JMock 技术不支持 JUnit 5，只支持 JUnit 4。

1）pom.xml 文件配置

在 JUnit 4 项目中配置 pom.xml 文件，在 \<dependencies>... \</dependencies> 之间添加：

```
<dependency>
    <groupId>org.jmock</groupId>
    <artifactId>jmock-junit4</artifactId>
    <version>2.11.0</version>
</dependency>
<dependency>
    <groupId>org.jmock</groupId>
    <artifactId>jmock-legacy</artifactId>
    <version>2.11.0</version>
</dependency>
```

2）与 JMock 相关的 API

使用 JMock，通常需要引入如下类：

```
import org.jmock.integration.junit4.JMock;
import org.jmock.integration.junit4.JUnit4Mockery;
import org.jmock.Expectations;
import org.jmock.Mockery;
```

3）案例

因为在 JMock 技术中没有 isA 类，所以在测试第 4.6.4 节 "EasyMock 技术" 中的测试代码时需要修改以下 PersonService.java 文件，否则无法利用 JMoke 技术进行测试。代码如下：

```
1   public class PersonService {
2       private final PersonDao personDao;
3       public PersonService(PersonDao personDao){
4       this.personDao = personDao;
5       }
6       public boolean update(Person personUpdate){
7           if (personUpdate == null){
8           return false;
9       }
10          return personDao.update(personUpdate);
11      }
12  }
```

文件的主要区别在于 update()方法的参数，原来是(int id, String name)，在 update()方法内部通过 Person personUpdate = personDao.getPerson(id)产生 Person 对象；现在改为(Person personUpdate)，直接传递 Person 对象。这正体现出 JMock 技术的薄弱环节。

创建测试文件 TestAccountServiceJMock.java：

```
1   @RunWith(JMock.class)
2   public class PersonServiceJMock {
3       Mockery context = new Mockery();
4
5       @Test
6       public void testUpdate(){
7           final PersonDao mockPersonDao = context.mock(PersonDao.class);
8           final Person person = new Person(1, "Jerry");
9           context.checking(new Expectations()
10          {
11              {
12                  oneOf(mockPersonDao).update(person);
13                  will(returnValue(true));
15              }
16          });
17          PersonService personService = new PersonService(mockPersonDao);
```

```
18          boolean result = personService.update(person);
19          assertTrue(result);
20      }
21  }
```

第 1 行：必须在类前使用@RunWith(JMock.class)。

第 3 行：通过 new Mockery()构造函数创造模拟环境。

第 12 行：模拟 PersonDao.update(person)方法。

第 19 行：验证 PersonDao.update(person)方法返回的对象为 True。

4）JMock 详细介绍

（1）生成 JMock。

模拟 PersonDao.class：

```
Mockery context = new Mockery();
final PersonDao mockPersonDao = context.mock(PersonDao.class);
```

（2）one 和 oneOf。

JMock 2.4 版本之前使用 one；JMock 2.51 版本之后使用 oneOf。针对下列代码：

```
oneOf (anObject).doSomething(); will(returnValue(10));
oneOf (anObject).doSomething(); will(returnValue(20));
oneOf (anObject).doSomething(); will(returnValue(30));
```

第一次调用返回 10；第二次返回 20；第三次返回 30。

（3）atLeast(n).of。

针对下列代码：

```
atLeast(1).of(anObject).doSomething();
will(onConsecutiveCalls(returnValue(10),returnValue(20),returnValue(30)));
```

其中，atLeast(1)表明 doSomething()方法至少被调用一次，但不超过 3 次，且调用的返回值分别是 10、20、30。

（4）其他语句。

- exactly(times).of：调用正好是 times 次，one(oneOf)是 exactly(1)的缩写。
- atMost(times).of：调用最多应为 times 次。
- between(min, max).of：调用至少应为 min 次，最多为 max 次。
- allowing：允许调用任意次。
- ignoring：和 allowing 一样，应选择允许或忽略，以使测试代码清楚地表达意图。
- never：根本不需要调用。它使测试更加明确，从而更容易被理解。

3. Mockito 技术

Mockito 也是一种模拟框架，可以用简洁的 API 做测试，而且简单易学，可读性强，验证语法简洁。

1）pom.xml 文件配置

在 JUnit 5 项目中配置 pom.xml 文件，在<dependencies>...</dependencies>之间添加：

```
<dependency>
    <groupId>org.mockito</groupId>
    <artifactId>mockito-core</artifactId>
    <version> 2.10.0</version>
    <scope>test</scope>
</dependency>
<dependency>
  <groupId>org.mockito</groupId>
  <artifactId>mockito-junit-jupiter</artifactId>
  <version>4.6.1</version>
  <scope>test</scope>
</dependency>
```

2）与 Mockito 相关的 API

使用 Mockito 技术，通常需要引入如下类：

```
import static org.mockito.Mockito.*;
import org.mockito.exceptions.verification.NoInteractionsWanted;
import org.mockito.ArgumentCaptor;
import org.mockito.InOrder;
import org.mockito.invocation.InvocationOnMock;
import org.mockito.stubbing.Answer;
```

3）案例

基于第 4.6.4 节的"EasyMock 技术"中的被测试文件创建如下测试文件 PersonServiceTest.java：

```
1    class PersonServiceTest {
2
3        private PersonDao      PersonDao;
4        private PersonService  personService;
5
6        @BeforeEach
7        public void setUp(){
8            PersonDao = Mockito.mock(PersonDao.class);
9            when(PersonDao.getPerson(1)).thenReturn(new Person(1, "Person1"));
10           when(PersonDao.update(isA(Person.class))).thenReturn(true);
11           personService = new PersonService(PersonDao);
12       }
13
14       @Test
15       @DisplayName("测试 testUpdate")
16       public void testUpdate()throws Exception {
17           boolean result = personService.update(1, "new name");
```

```
18          Assertions.assertTrue(result);
19          verify(PersonDao, times(1)).getPerson(eq(1));
20          verify(PersonDao, times(1)).update(isA(Person.class));
21      }
22  }
```

第 8 行：通过"对象名 = Mockito.mock(对象名.class)"模拟对象。

第 19 行：通过 verify 语句验证 getPerson(1)是否被执行过一次。

第 20 行：通过 verify 语句验证 update(isA(Person.class))是否被执行过一次。

这里介绍一下 verify 语句。

- never()：从没有被执行。
- atLeastOnce()：至少被执行一次。
- atMostOnce()：最多被执行一次。
- atLeast(n)：至少被执行 n 次。
- atMost(n)：最多被执行 n 次。
- times(n)：被执行 n 次。

4）Mockito 详细介绍

Mockito 是最常用的测试技术，详细介绍如下。

（1）模拟 PersonDao.class：

```
PersonDao PersonDao = Mockito.mock(PersonDao.class)
```

（2）验证行为：

```
1   @Test
2   public void verify_behaviour(){
3       List mock = mock(List.class);
4       mock.add(1);
5       mock.clear();
6       verify(mock).add(1);
7       verify(mock).clear();
8   }
```

其中，第 3 行表示模拟创建一个 List 对象。第 4 行表示使用模拟对象。第 7 行表示
验证 add(1)和 clear()两种行为是否被执行。

（3）模拟所期望的结果，被测代码：

```
public interface Iterator{
      String next();
}
```

测试代码：

```
1   @Test
2   public void when_thenReturn(){
3       Iterator iterator = mock(Iterator.class);
4       when(iterator.next()).thenReturn("hello").thenReturn("world");
```

```
5      String result = iterator.next()+ " " + iterator.next()+ " " +
   iterator.next();
6      Assertions.assertEquals("hello1 world world",result);
7  }
```

第 3 行：模拟一个 Iterator 类。

第 4 行：预设当 iterator 调用 next()方法时，第 1 次返回"hello"，第 2 到第 n 次都返回"world"。

第 5 行：使用模拟对象。

第 6 行：验证结果。

（4）模拟验证抛出一个异常：

```
1   @Test
2   public void when_thenThrow()throws IOException {
3   OutputStream outputStream = mock(OutputStream.class);
4     OutputStreamWriter writer = new OutputStreamWriter(outputStream);
5     doThrow(new IOException()).when(outputStream).close();
6     Throwable exception = Assertions.assertThrows(IOException.class, ()->
   outputStream.close());
7     Assertions.assertNull(exception.getMessage());
8   }
```

其中，第 5 行表示通过 doThrow()方法预设当流关闭时抛出异常。

（5）真实的部分模拟，被测方法：

```
class A{
    public int doSomething(int i){
       return i;
    }
}
```

测试方法：

```
1   @Test
2   public void real_partial_mock(){
3     List list = spy(new ArrayList());
4     Assertions.assertEquals(0,list.size());
5     A a = mock(A.class);
6     when(a.doSomething(anyInt())).thenCallRealMethod();
7     Assertions.assertEquals(999,a.doSomething(999));
8   }
```

其中，第 3 行表示通过间谍对象调用真实的 API。第 6 行表示通过 thenCallRealMethod 调用真实的 API。

（6）重置模拟对象：

```
1   @Test
2   public void reset_mock(){
3     List list = mock(List.class);
4     when(list.size()).thenReturn(10);
5     list.add(1);
```

```
6        Assertions.assertEquals(10,list.size());
7        reset(list);
8         Assertions.assertEquals(0,list.size());
9    }
```

其中，第 7 行表示通过重置模拟对象清除所有的互动和预设。

（7）连续调用：

```
1    @Test
2    public void consecutive_calls(){
3        List mockList = mock(List.class);
4        when(mockList.get(0)).thenReturn(0);
5        when(mockList.get(0)).thenReturn(1);
6        when(mockList.get(0)).thenReturn(2);
7        when(mockList.get(1)).thenReturn(0).thenReturn(1).thenThrow(new
     RuntimeException());
8        Assertions.assertEquals(2,mockList.get(0));
9        Assertions.assertEquals(2,mockList.get(0));
10       Assertions.assertEquals(0,mockList.get(1));
11       Assertions.assertEquals(1,mockList.get(1));
12       Throwable exception = Assertions.assertThrows(RuntimeException.class,
     ()-> mockList.get(1));
13   }
```

第 4 行：模拟连续调用返回期望值，如果分开，则只有最后一个有效。

第 12 行：第三次或更多调用都会抛出异常。

（8）创建的模拟对象不会抛出 NullPointerException 异常：

```
1    @Test
2    public void returnsSmartNullsTest(){
3    MyList list = mock(MyList.class, RETURNS_SMART_NULLS);
4        Assertions.assertEquals ("",list.get(0));
5        Assertions.assertEquals(0,list.toArray().length());
6    }
```

其中，第 3 行表示使用 RETURNS_SMART_NULLS 参数创建的模拟对象不会抛出 NullPointerException 异常，在控制台窗口会提示"SmartNull returned by unstubbed get()method on mock"信息。

RETURNS_SMART_NULLS 实现了 Answer 接口的对象，是创建模拟对象 mock(Class,Answer)的一个可选参数。在创建模拟对象时，因为有的方法没有进行插桩，所以调用时会放回 Null，这样在操作时很可能会抛出 NullPointerException 异常。如果通过 RETURNS_SMART_NULLS 参数创建的模拟对象在没有调用 stubbed()方法时会返回 SmartNull，则在控制台窗口可以看到 SmartNull 的友好提示。例如，如果返回类型是 String，则会返回""；如果是 int，则会返回 0；如果是 List，则会返回空的 List。

（9）RETURNS_DEEP_STUBS 参数会自动模拟所需的对象，方法 deepstubsTest()

和 deepstubsTest2()是等价的。被测方法：

```java
public class RailwayTicket{
    private String destination;
    public String getDestination(){
        return destination;
    }
    public void setDestination(String destination){
        this.destination = destination;
    }
}

public class Account{
    private RailwayTicket railwayTicket;
    public RailwayTicket getRailwayTicket(){
        return railwayTicket;
    }
    public void setRailwayTicket(RailwayTicket railwayTicket){
        this.railwayTicket = railwayTicket;
    }
}
```

测试方法：

```java
1    @Test
2    public void deepstubsTest(){
3        MyAccount account=mock(MyAccount.class,RETURNS_DEEP_STUBS);
4        when(account.getRailwayTicket().getDestination()).thenReturn("Beijing");
5        account.getRailwayTicket().getDestination();
6        verify(account.getRailwayTicket()).getDestination();
7        Assertions.assertEquals("Beijing",account.getRailwayTicket().getDes
         tination());
8    }
9
10   @Test
11   public void deepstubsTest2(){
12       MyAccount account=mock(MyAccount.class);
13       RailwayTicket railwayTicket=mock(RailwayTicket.class);
14       when(account.getRailwayTicket()).thenReturn(railwayTicket);
15       when(railwayTicket.getDestination()).thenReturn("Beijing");
16       account.getRailwayTicket().getDestination();
17       verify(account.getRailwayTicket()).getDestination();
18       Assertions.assertEquals("Beijing",account.getRailwayTicket().getDes
         tination());
19   }
```

（10）模拟被测对象抛出异常：

```java
1    @Test
2    public void doThrow_when(){
3        List list = mock(List.class);
4        doThrow(new RuntimeException()).when(list).add(1);
5        Throwable exception = Assertions.assertThrows(RuntimeException.class,
```

```
     ()-> list.add(1));
6        Assertions.assertNull(exception.getMessage());
7    }
```

（11）使用注解快速模拟，在每种测试方法中都模拟了一个 List 对象，为了避免重复模拟，使测试类更具可读性，可以通过下面的注解方式快速模拟对象：

```
1    @Mock
2    private List mockList;
3
4    @Test
4    public void shorthand(){
5        mockList.add(1);
6        verify(mockList).add(1);
7    }
```

运行失败，需要创建一个单独的类，在基类中添加初始化模拟的代码：

```
1    class MockitoExample2 {
2        @Mock
3        private List mockList;
4
5        public MockitoExample2(){
6            MockitoAnnotations.initMocks(this);
7        }
8
9        @Test
10       public void shorthand(){
11           mockList.add(1);
12           verify(mockList).add(1);
13       }
14   }
```

（12）匹配参数，预设根据不同的参数返回不同的结果，被测接口：

```
public interface MyList {
    String get(int n);
    String toArray();
    int compareTo(String s);
    boolean contains(int n);
    String compare(String s1,String s2);
    String size();
    String add(int n);
}
```

测试方法：

```
1    @Test
2    public void with_arguments(){
3        MyList list = mock(MyList.class);
4        when(list.compareTo("Test")).thenReturn(1);
5        when(list.compareTo("Desin")).thenReturn(2);
6        Assertions.assertEquals(1, list.compareTo("Test"));
7        Assertions.assertEquals(2, list.compareTo("Desin"));
```

```
8          Assertions.assertEquals(0, list.compareTo("Not stub"));
9      }
```

其中，第 4 行表示预设根据不同的参数返回不同的结果。第 8 行针对没有预设的情况会返回默认值 0。

（13）验证被调用次数：

```
1    @Test
2    public void verifying_number_of_invocations(){
3       List list = mock(List.class);
4       list.add(1);
5       list.add(2);
6       list.add(2);
7       list.add(3);
8       list.add(3);
9       list.add(3);
10      verify(list).add(1);
11      verify(list,times(1)).add(1);
12      verify(list,times(2)).add(2);
13      verify(list,times(3)).add(3);
14      verify(list,never()).add(4);
15      verify(list,atLeastOnce()).add(1);
16      verify(list,atLeast(2)).add(2);
17      verify(list,atMost(3)).add(3);
18   }
```

第 11 行：验证是否被调用 1 次。第 12 行：验证是否被调用 2 次。

第 13 行：验证是否被调用 3 次。第 14 行：验证是否从未被调用过。

第 15 行：验证至少调用 1 次。第 16 行：验证至少调用 2 次。

第 17 行：验证最多调用 3 次。

（14）确保模拟对象上无互动发生：

```
1    @Test
2    public void verify_interaction(){
3      List list = mock(List.class);
4      List list2 = mock(List.class);
5      List list3 = mock(List.class);
6      list.add(1);
7      verify(list).add(1);
8      verify(list,never()).add(2);
9      verifyNoInteractions(list2,list3);
10   }
```

其中，第 8 行验证 list 从来没有执行过 add (2)。第 9 行验证 list2 从来没有与 list3 发生交互。

（15）对未预设的调用返回默认期望值进行修改[被测对象为（12）中定义的接口]：

```
1    import org.mockito.invocation.InvocationOnMock;
2    …
3    @Test
4    public void unstubbed_invocations(){
5        MyList mock = mock(MyList.class,new Answer(){
6         @Override
7         public Object answer(InvocationOnMock invocation)throws Throwable {
8            return "999";
9          }
10       });
11       Assertions.assertEquals ("999", mock.get(1));
12       Assertions.assertEquals ("999",mock.size());
13   }
```

第 5 行：模拟对象通过 Answer 接口对未预设的调用返回默认期望值。

第 11 行：get(1)方法没有被预设，通常情况下会返回 NULL，但是由于使用了 Answer 接口，改变了默认期望值。

第 12 行：size()方法没有被预设，通常情况下会返回 0，但是由于使用了 Answer 接口，改变了默认期望值。

（16）因为比较复杂的参数匹配器会降低代码的可读性，所以有些地方使用参数捕获器更合适。被测方法：

```
class Person{
     private int id;
     private String name;

     Person(int id, String name){
        this.id = id;
        this.name = name;
     }

     public int getId(){
        return id;
     }

     public String getName(){
        return name;
     }
  }

  interface PersonDao{
     public void update(Person person);
  }

class PersonService{
   private PersonDao personDao;

   PersonService(PersonDao personDao){
```

```
         this.personDao = personDao;
      }

     public void update(int id,String name){
        personDao.update(new Person(id,name));
      }
 }
```

测试方法：

```
1   import org.mockito.ArgumentCaptor;
2   …
3   @Test
4   public void capturing_args(){
5      MyPersonDao personDao = mock(MyPersonDao.class);
6      MyPersonService personService = new MyPersonService(personDao);
7      ArgumentCaptor<MyPerson> argument = ArgumentCaptor.forClass(MyPerson.class);
8      personService.update(1,"jack");
9      verify(personDao).update(argument.capture());
10     Assertions.assertEquals (1,argument.getValue().getId());
11     Assertions.assertEquals ("jack",argument.getValue().getName());
12   }
```

其中，第 7 行为参数捕获器。

（17）使用产品代码中方法的参数预期回调接口的生成期望值[被测对象为（12）中定义的接口]，利用 CustomAnswer 实现 Answer<String>接口：

```
1   import org.mockito.stubbing.Answer;
2   import org.mockito.invocation.InvocationOnMock;
3
4   private class CustomAnswer implements Answer<String>{
5      @Override
6      public String answer(InvocationOnMock invocation)throws Throwable {
7         Object[] args = invocation.getArguments();
8         return "hello world:"+args[0];
9      }
10  }
```

第 4 行：定义 CustomAnswer 实现 Answer<String>接口。

第 5 行：重载 Answer 接口类的 answer 方法。

第 7 行：变量 args[0]为产品代码中方法的第一个参数。

测试方法：

```
1   @Test
2   public void answerTest(){
3      MyList mockList = mock(MyList.class);
4      when(mockList.get(anyInt())).thenAnswer(new CustomAnswer());
5      Assertions.assertEquals("hello world:0",mockList.get(0));
6      Assertions.assertEquals("hello world:999",mockList.get(999));
7   }
```

第 5 行：get()方法的参数为 0，故返回 0，"hello world:0"。

第 6 行：get()方法的参数为 999，故返回 999，"hello world:999"。

也可以使用匿名内部类的方式来实现：

```
1   @Test
2   public void answer_with_callback(){
3   MyList mockList = mock(MyList.class);
4   when(mockList.get(anyInt())).thenAnswer(new Answer<Object>(){
5     @Override
6     public Object answer(InvocationOnMock invocation)throws Throwable {
7         Object[] args = invocation.getArguments();
8         return "hello world:"+args[0];
9     }
10  });
11    Assertions.assertEquals("hello world:0",mockList.get(0));
12    Assertions.assertEquals("hello world:999",mockList.get(999));
13  }
```

其中，第 4 行表示将 Answer 接口类的重载放在方法内部。

（18）验证调用顺序：

```
1   import org.mockito.InOrder;
2   …
3   @Test
4   public void verification_in_order(){
5       List list = mock(List.class);
6       List list2 = mock(List.class);
7       list.add(1);
8       list2.add("hello");
9       list.add(2);
10      list2.add("world");
11      InOrder inOrder = inOrder(list,list2);
12      inOrder.verify(list).add(1);
13      inOrder.verify(list2).add("hello");
14      inOrder.verify(list).add(2);
15      inOrder.verify(list2).add("world");
16  }
```

第 11 行：将需要排序的模拟对象放入 inOrder 类中。

第 12～15 行：这里的代码不能颠倒顺序，其作用是验证调用顺序。

（19）Mockito 也可以起到通过间谍对象监控真实对象的作用。被测代码：

```
public class LinkedList {
    private static int n;

    LinkedList(){
        n = 0;
    }

    public int get(int k){
        return k;
```

```
    }

    public void add(int m){
        n = n+m;
    }

    public int size(){
        return 888;
    }
}
```

测试代码：

```
1   @Test
2   public void spy_on_real_objects(){
3       LinkedList list = new LinkedList();
4       LinkedList spy = spy(list);
5       //when(spy.get(0)).thenReturn(3);
6       doReturn(999).when(spy).get(999);
7       doReturn(0).when(spy).get(0);
8       doReturn(1).when(spy).get(1);
9       when(spy.size()).thenReturn(100);
10      spy.add(1);
11      spy.add(2);
12      Assertions.assertEquals(100,spy.size());
13      Assertions.assertEquals(0,spy.get(0));
14      Assertions.assertEquals(1,spy.get(1));
15      verify(spy).add(1);
16      verify(spy).add(2);
17      Assertions.assertEquals(999,spy.get(999));
18      Throwable exception = Assertions.assertThrows
    (IndexOutOfBoundsException.class, ()-> spy.get(2));
19  }
```

第 5 行：预设的 spy.get(0)方法会报错，因为会调用真实对象的 get(0)方法，所以会抛出越界异常。

第 6 行：使用 doReturn-when 可以避免 when-thenReturn 调用真实对象的 API。

第 9 行：预设 size()方法期望值。

第 10 行：调用真实对象的 API。

（20）找出冗余的互动行为，即未被验证到的。

```
1   import org.mockito.exceptions.verification.NoInteractionsWanted;
2   …
3   @Test
4   public void find_redundant_interaction(){
5       List list = mock(List.class);
6       list.add(1);
7       list.add(2);
8       verify(list,times(2)).add(anyInt());
```

```
9       verifyNoMoreInteractions(list);
10      List list2 = mock(List.class);
11      list2.add(1);
12      list2.add(2);
13      verify(list2).add(1);
14      Throwable exception = Assertions.assertThrows
    (NoInteractionsWanted.class, ()-> verifyNoMoreInteractions(list2));
15  }
```

第 9 行：检查是否有未被验证的互动行为，因为 list.add(1)和 list.add(2)都会被上面的 anyInt()方法验证，所以下面的代码会通过。

第 14 行：检查是否有未被验证的互动行为，因为 list2.add(2)没有被验证，所以下面的代码会失败并抛出异常。

（21）在第 4.4.6 节，我们提到了 MockitoExtension，现在来看看如何创建测试代码。

在 com.mock 类中创建 ExampleTest.java：

```
1   import java.util.List;
2   import static org.mockito.Mockito.verify;
3   import org.junit.jupiter.api.Test;
4   import org.junit.jupiter.api.extension.ExtendWith;
5   import org.mockito.Mock;
6   import org.mockito.junit.jupiter.MockitoExtension;
7
8   @ExtendWith(MockitoExtension.class)
9   public class ExampleTest {
10
11      @Mock
12      private List<Integer> list;
13
14      @Test
15      public void shouldDoSomething() {
16          list.add(100);
17          verify(list).add(100);
18      }
    }
```

注意：以上案例已在 Mockito V2.10.0 版本中运行通过，如果你使用不同版本，可能有些用例不能通过。

4. PowerMock 技术

PowerMock 也是一个 Java 模拟框架。PowerMock 必须依赖于测试框架，当前支持 JUnit 4 和 TestNG 两种测试框架。PowerMock 可以模拟静态类和方法、final 对象和私有方法，这是 EasyMock、JMock 和 Mockito 做不到的。

1）pom.xml 文件配置

在 JUnit 4 项目中配置 pom.xml 文件，在<dependencies>…</dependencies>之间添加：

```
    </dependency>
        <dependency>
        <groupId>org.powermock</groupId>
        <artifactId>powermock-core</artifactId>
        <version>${powermock.version}</version>
        <scope>test</scope>
    </dependency>
    <dependency>
        <groupId>org.powermock</groupId>
        <artifactId>powermock-module-junit4</artifactId>
        <version>${powermock.version}</version>
        <scope>test</scope>
    </dependency>
    <dependency>
        <groupId>org.powermock</groupId>
        <artifactId>powermock-api-mockito2</artifactId>
        <version>${powermock.version}</version>
        <scope>test</scope>
    </dependency>
```

在<properties>…</properties>之间添加：

```
<properties>
    <powermock.version>2.0.2</powermock.version>
</properties>
```

2）实现 PowerMock 的基本步骤

- 添加对 PowerMock 类库的引用。
- 使用@RunWith(PowerMockRunner.class)注解测试类。
- 使用@PrepareForTest（使用模拟类的被测试类）注解测试类。
- 在测试代码中，使用 PowerMockito 工具设置需要被模拟的类及其行为。

3）与 PowerMock 相关的 API

使用 PowerMock，通常需要引入如下类：

```
import org.mockito.Mockito;
import org.powermock.api.mockito.PowerMockito;
import org.powermock.core.classloader.annotations.PrepareForTest;
import org.powermock.modules.junit4.PowerMockRunner;
```

4）产品代码

FileUtilGetLogFileTest：

```
1   import java.io.File;
2   import java.io.FileNotFoundException;
3
```

```
4   public class FileUtil {
5       private static final String FILES_LOG = "my.log";
6
7       public boolean mkdir(String path){
8        printLog("start mkdir:" + path);
9           File fileDir = new File(path);
10          if (fileDir.exists()){
11              throw new IllegalArgumentException(path + "existed");
12          } else {
13              return fileDir.mkdirs();
14          }
15      }
16
17      public File getMyLogFile()throws FileNotFoundException {
18       printLog("start to get log file");
19          String logPath = System.getenv("LOG_PATH");
20          if (null == logPath){
21              throw new IllegalArgumentException("System evn:LOG_PATH not
    existed!");
22          }
23          if (isExist(logPath)){
24              return new File(logPath + FILES_LOG);
25          }
26          throw new FileNotFoundException("file" + logPath + FILES_LOG + " not
    existed!");
27      }
28
29      private boolean isExist(String logPath){
30          return false;
31      }
32
33      public void printLog(String log){
34          System.out.println(log);
35      }
36  }
```

第 5 行：FILES_LOG 为日志文件。

第 7 行：mkdir() 方法的作用是如果没有这个目录，则建立目录。

第 17 行：getMyLogFile() 方法的作用是获得 Log 文件，如果文件不存在，则抛出 FileNotFoundException 异常。

第 29 行：isExist() 是私有方法，作用是判断文件是否存在。

第 33 行：printLog() 是公有方法，作用是输出日志信息。

5）模拟类

PowerMock 通过 PowerMockito.mock（被模拟的类）来模拟对象。

```
FileUtil fileUtil = PowerMockito.mock(FileUtil.class);
```

6）模拟构造函数

在下面的代码中，testMkdirs 测试方法模拟了 File 类的 new 操作，并且模拟了待创建目录不存在、目录创建操作能正确返回的场景。

```
1   @RunWith(PowerMockRunner.class)
2   @PrepareForTest(FileUtil.class)
3   public class FileUtilMkdirTest {
4       @Before
5       public void init()throws Exception {
6           File fileDir = PowerMockito.mock(File.class);
7           powerMockito.whenNew(File.class).withAnyArguments().thenReturn(fileDir);
8           PowerMockito.when(fileDir.exists()).thenReturn(false);
9           PowerMockito.when(fileDir.mkdirs()).thenReturn(true);
10      }
11
12      @Test
13      public void testMkdirs(){
14          assertTrue(new FileUtil().mkdir("testDir"));
15      }
```

第 1 行：必须有，@RunWith(PowerMockRunner.class)通过 PowerMockRunner.class 运行。

第 2 行：由于 FileUtilMkdirTest 中只有 FileUtil 被测试类使用到模拟类，因此只需将 FileUtil 类添加到注解中；如果被测试类中还调用了其他类且都使用到模拟类，则需要将这些被测试类都添加到注解中，如@PrepareForTest({Class1.class,Class1.class})。

7）模拟静态方法

Java 仅提供获取环境变量的 System.getenv 方法，不提供设置环境变量的 System.setenv 方法。下面的例子模拟了 System.getenv 方法，使得测试人员可以设置需要的环境变量。

```
1   @RunWith(PowerMockRunner.class)
2   @PrepareForTest(FileUtil.class)
3   public class GetLogFileUtilTest {
4   @Test
5   public void testGetLogFileWithException(){
6       PowerMockito.mockStatic(System.class);
7       PowerMockito.when(System.getenv("LOG_PATH")).thenReturn("./");
8       try {
9           new FileUtil().getMyLogFile();
10          fail();
11      } catch (FileNotFoundException e){
12          assertTrue(true);
13      }
14  }
15 }
```

其中，第 6 行表示通过 mockStatic 模拟 System.class 静态方法。

8）模拟公有方法和私有方法

- 有返回值

testGetLogFile 方法模拟了 FileUtil 类的私有方法 isExist，并让其返回 true。

```
1    @Test
2    public void testGetLogFile()throws Exception {
3        PowerMockito.mockStatic(System.class);
4        PowerMockito.when(System.getenv("LOG_PATH")).thenReturn("./");
5        FileUtil fileUtil = PowerMockito.spy(new FileUtil());
6        PowerMockito.when(fileUtil, "isExist", "./").thenReturn(true);
7        File logFile = fileUtil.getMyLogFile();
8        assertTrue(logFile != null);
9    }
```

其中，第 6 行模拟当 fileUtil 调用 isExist 方法时，返回 true。第 8 行表示断言 logFile 不为 null。

- 无返回值

testGetLogFileWithoutLog 方法额外模拟了 FileUtil 类无返回值的公有方法 printLog，让它不做任何操作。

```
1    @Test
2    public void testGetLogFileWithoutLog()throws Exception {
3        PowerMockito.mockStatic(System.class);
4        PowerMockito.when(System.getenv("LOG_PATH")).thenReturn("./");
5        FileUtil fileUtil = PowerMockito.spy(new FileUtil());
6        PowerMockito.when(fileUtil, "isExist", "./").thenReturn(true);
7        PowerMockito.doNothing().when(fileUtil, "printLog", Mockito.anyString());
8        File logFile = fileUtil.getMyLogFile();
9        assertTrue(logFile != null);
10   }
```

第 6 行：模拟当 fileUtil 调用 isExist 方法时，返回 true。

第 7 行：模拟当 fileUtil 调用 printLog 方法时，不做任何操作（doNothing()）。

第 9 行：断言 logFile 不为 null。

9）模拟方法抛出异常

如果需要模拟方法抛出异常，则需要被测方法声明抛出异常，否则不能实现。针对有返回值和无返回值，可以采用以下两种方式。

- 有返回值

```
PowerMockito.when(fileUtil, "getLogFile", "./").thenThrow(new
FileNotFoundException());
```

- 无返回值

```
PowerMockito.doThrow(new Exception()).when(fileUtil, "xxx");
```

4.7　利用 EvoSuite 自动生成测试用例

4.7.1　在 Eclipse 中运行

EvoSuite 可以通过扫描产品代码自动生成测试脚本，其步骤如下。

1）在 Eclipse 中单击菜单栏的"help→Install New Software…"。

2）在"Work with"位置输入：org.evosuite.plugins.eclipse.site - http://www.evosuite.org/update，如图 4-55 所示。

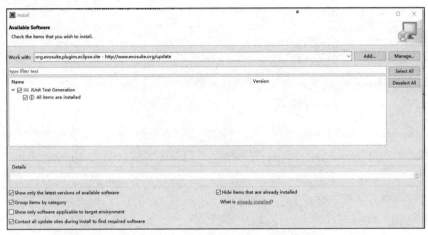

图 4-55　安装 EvoSuite

3）单击【Add…】按钮。

4）选择"JUnit Test Generation"插件。

5）连续单击【Next】按钮，直到【Finish】按钮被激活。

6）重启 Eclipse。

7）选择一个 Java 被测文件。

8）右击，选择"Generate tests with EvoSuite"，如图 4-56 所示。

9）生成图 4-57 所示的目录。

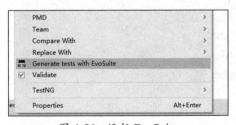

图 4-56　运行 EvoSuite

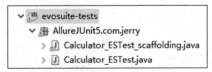

图 4-57　EvoSuite 产生的测试文件

10）运行 Calculator_ESTest.java，结果如图 4-58 所示。

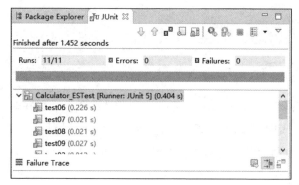

图 4-58　EvoSuite 测试文件的运行结果

4.7.2　在命令行中运行

1. 在命令行中运行的步骤

1）下载 evosuite-1.2.0.jar 包。

2）evosuite-1.2.0.jar 是一个可以直接运行的 jar 包，通过更改参数即可实现特定的功能。首先将 evosuite-1.2.0.jar 复制到一个目录下，然后把 Calculator.java 复制到对应的目录下（由于这里 Calculator.java 在 com.jerry package 下，因此对应的目录为".\com\jerry\"）。

3）打开命令行，运行如下命令：

```
C:\...\evosuite>javac com/jerry/Calculator.java
```

在.\com\jerry\目录下生成 Calculator.class。

4）由于 Evosuite 执行对象是字节码文件，因此需要将待测的 Java 文件编译成.class 格式的字节文件。运行：

```
C:\...\evosuite> java -jar evosuite-1.2.0.jar -class com.jerry.Calculator
-projectCP ./* EvoSuite 1.2.0
* Going to generate test cases for class Calculator
* Unknown class Calculator. Be sure its full qualifying name  is correct and
the classpath is properly set with '-projectCP'
```

运行完毕，生成两个目录，如图 4-59 所示。

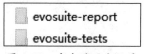

图 4-59　产生的两个目录

5）在.\evosuite-tests\com\jerry 下生成 Calculator_ESTest.java 和 Calculator_ESTest_scaffolding.java 两个文件，前者即为自动生成的测试用例。

2. java -jar evosuite-1.2.0.jar 参数说明

java -jar evosuite-1.2.0.jar 参数说明如下。

- -class：执行的对象。
- -projectCP：设置测试生成类路径。
- -help：查看可用的命令行选项。
- -criterion：测试的标准参数有 line、branch、cbranch、mutation、exception 等。
- -Dminimize=false//：删除全部不满足覆盖率目标的语句。
- -Dassertion_strategy=all//：使用大量断言产生长的测试用例。

3. 注意事项

- 由于在命令行运行时会使用随机的种子，因此每次生成的测试用例都不相同，我们可以通过手动设置随机种子，使两次生成的测试用例相同。
- 默认的标准使用多种参数，我们能够根据需求通过 statistics 文件查看代码覆盖率，并通过修改标准参数提升代码覆盖率。
- 当编译 Java 文件中有中文字符时会报错，我们可以通过将默认的编码格式修改为 utf-8 来解决，并在命令行中执行 javac-encoding utf-8BrainfuckEngine.class 命令。
- 复制代码到 Eclipse 中，运行之前需要清空工程（通过 Eclipse 菜单 "Project→Clean…" 选择要清空的工程），不然会报错。
- 不要修改 Eclipse 中的文件夹目录结构，否则提交会失败。
- 本地配置 JAVA_HOME，即便 Eclipse 能够运行成功。

需要特别提醒，不要认为有了自动产生单元测试用例的技术，就不需要自己编写单元测试用例了，这个问题与人工智能不能替代自然人的答案是一致的，你可以把自动产生的单元测试用例作为补充，在此基础上增加、修改或删除。

4.8　变异测试

4.8.1　变异测试引出

被测代码 Calculator.java：

```
public int add(int m,int n){
    result=m + n;
    return result;
}
```

测试代码 CalculatorTest.java：

```
@Test
public void testAdd(){
```

```
Assertions.assertEquals(2, calculator.add(2,0));
}
```

利用上面的测试代码对被测代码进行测试肯定是通过的，并且测试覆盖率也为100%，但是这就可以确保被测代码一定没有问题吗？答案是否定的。比如，被测代码中的"＋"被写成"－"，而测试仍然是通过的，这时就需要变异测试来解决这个问题。

4.8.2　变异测试简介

变异测试是 1970 年由当时的一个学生——Dick Lipton 提出的。变异测试最初是为了定位和揭示单元测试的弱点。其理论是如果一个边缘被引入，同时出现的行为（通常是输出）不受影响，就说明变异代码从来没有被执行过（产生了过剩代码）或者测试单元无法定位错误。

变异测试是指如果对代码中很小的一个操作进行一点改动（如"＋"改为"－"），测试用例在完整的情况下就可以发现程序被改动，而报错。

1. 等价与非等价

源代码如下：

```
for(int i=0; i<10; i++){ // 源程序
  //To-do ...
}
```

变体 1 如下：

```
for(int i=0; i!=10; i++){ //变体 1
  //To-do ...
}
```

变体 2 如下：

```
for(int i=0; i<10; i--){ //变体 2
  //To-do ...
}
```

由此可见，变体 1 与源代码是等价的：i 从 0 开始，经历 1、2、3、4、5、6、7、8、9 到 10。在源代码中，由于判断 10<10 是错误的，因此返回 False，以此退出循环；在变体 1 中，由于 10!=10 返回 False，因此退出循环。变体 2 与源代码是非等价的：i 从 0 开始，执行 i--，i<10 永远返回 True，为死循环，永远不退出循环。

2. 变异测试涉及的概念

在变异测试中，需要关注以下六个概念。

1）变异算子：1987 年，针对 FORTRAN 77 语言定义了 22 个变异算子。下面是mutpy 中定义的 27 个变异算子。

● AOD - arithmetic operator deletion（删除算术运算符）。

- AOR - arithmetic operator replacement（替换算术运算符）。
- ASR - assignment operator replacement（替换赋值运算符）。
- BCR - break continue replacement（交换 break 和 continue 语句）。
- COD - conditional operator deletion（删除条件运算符）。
- COI - conditional operator insertion（插入条件运算符）。
- CRP - constant replacement（替换常量）。
- DDL - decorator deletion（删除装饰器）。
- EHD - exception handler deletion（删除异常处理）。
- EXS - exception swallowing（吞咽异常）。
- IHD - hiding variable deletion（删除隐藏变量）。
- IOD - overriding method deletion（删除覆盖方法）。
- IOP - overridden method calling position change（重写调用位置更改的方法）。
- LCR - logical connector replacement（替换逻辑连接器）。
- LOD - logical operator deletion（删除逻辑运算符）。
- LOR - logical operator replacement（替换逻辑运算符）。
- ROR - relational operator replacement（替换关系运算符）。
- SCD - super calling deletion（删除超级调用）。
- SCI - super calling insert（插入超级调用）。
- SIR - slice index remove（移除切片索引）。
- CDI - class method decorator insertion（插入类方法装饰器）。
- OIL - one iteration loop（一个迭代循环）。
- RIL - reverse iteration loop（反向迭代循环）。
- SDI - static method decorator insertion（插入静态方法装饰器）。
- SDL - statement deletion（删除语句）。
- SVD - self variable deletion（删除自变量）。
- ZIL - zero iteration loop（零迭代循环）。

2）一阶变异体和高阶变异体：一阶变异体指的是程序经过了一次变异，高于一阶的变异体叫作高阶变异体。也就是说，一阶变异体和高阶变异体分别是指对程序设计一处和多处变异产生的变异体。

如下代码：

```
A: z = x*y
B: z = x/y
C: z = x/y*2
D: z =4x/y*2
```

其中，B 是 A 的一阶变异（仅对运算符进行了变异：*→/），C 是 B 的一阶变异（仅对参数进行了变异：y→y*2），D 是 A 的高阶变异（对参数和运算符都进行了变异：

x→4x；y→y*2；*→/)。

3）可删除变异体：如果测试用例的测试源代码和测试变异代码不一致，则这个测试用例可以删除。

4）可存活变异体：如果测试用例的测试源代码和测试变异代码不一致，则这个测试用例不可以删除。

5）等价变异体：如果变异体与源代码的语法不同，语义相同，则它们为等价变异体。

3. 变异测试步骤

1）设置初始分为 100 分，变异用例次数为 0，等价用例次数为 0。

2）获取测试用例。

3）判断变异算子是否用尽。如果已用尽，退出变异测试，得分为（1-等价用例次数/变异用例次数）×100%；否则试用下一个变异算子进行测试，变异用例次数加 1。

4）判断变异后的测试结果与源代码的测试结果是否等价。如果等价，等价用例次数加 1。

5）返回第 3）步。

4. 变异测试实质

在变异测试中，如果测试数据不变，变异测试工具使用变异算子对源代码进行变异；如果测试数据无法检测出变异后的代码，也就是说变异前后是等价的，说明测试数据存在问题。

在 Java 中，变异测试使用的工具为 PITest（简称 PIT）；在 Python 中，变异测试使用的工具为 mutpy。

4.8.3　PITest 在 Eclipse 中的安装和使用

1）如图 4-60 所示，选择菜单"Help→Eclipse Marketplace…"，打开 Eclipse 市场窗口。

图 4-60　准备安装 PITest

2）搜索 "PITEST" 并安装，如图 4-61 所示。

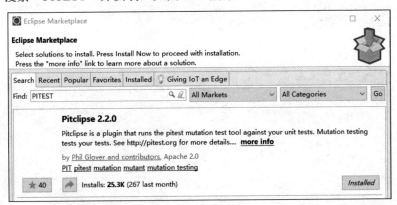

图 4-61　安装 PITest

3）由于不同的被测代码会得到不同的变异测试结果，使得原先的代码不能产生友好的变异测试报告（有兴趣的读者可以尝试一下），因此我们需要改造一下被测代码 Calculator.java：

```java
public class Calculator {
    int result;
     public int add(int m,int n){
         result=m + n;
         return result;
    }
    public int subtract(int m,int n) {
         result=m - n;
         return result;
    }
    public int multiply(int m,int n) {
        result=m * n;
        return result;
    }
    public int divide(int m,int n){
        try {
            result = m / n;
            return result;
        }catch(ArithmeticException ex){
            System.out.println(ex);
            throw new ArithmeticException("The n not allowed to 0!!");
        }
    }
}
```

测试代码 CalculatorTest.java：

```java
1    import org.junit.jupiter.api.Assertions;
2    import org.junit.jupiter.api.Test;
```

```
3
4    public class CalculatorTest {
5        private static Calculator calculator = new Calculator();
6
7        @Test
8        public void testAdd(){
9            Assertions.assertEquals(2, calculator.add(2,0));
10       }
11
12       @Test
13       public void testSubtract(){
14           Assertions.assertEquals(2, calculator.subtract(5,3));
15       }
16
17       @Test
18       public void testMultiply(){
19           Assertions.assertEquals(4, calculator.multiply(2,2));
20       }
21
22       @Test
23       public void testDivide(){
24           Assertions.assertEquals(3, calculator.divide(9,3));
25       }
26   }
```

第 9 行：修改被加数为 2，加数为 0。

第 14 行：修改被减数为 5，减数为 3。

第 19 行：修改被乘数为 2，乘数为 2。

第 24 行：修改被除数为 9，除数为 3。

4）右击测试代码，选择 "Run As→3 PIT Mutation Test"，如图 4-62 所示。

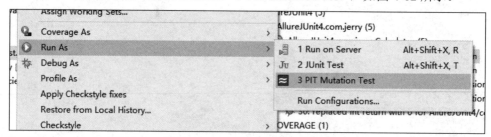

图 4-62　运行 PIT Mutation Test

4.8.4　PITest 测试报告

从图 4-63 所示的 PIT Mutation Test 详细报告中可以看到：加法方法中的加法被减法替代后，测试没有发现错误。单击后定位到代码上。

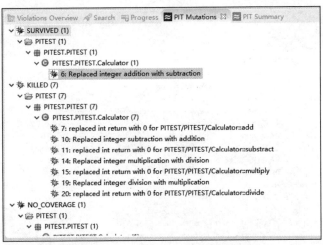

图 4-63　PIT Mutation Test 详细报告

PIT Summary 为 PIT Mutation Test 的概要报告，如图 4-64 所示。

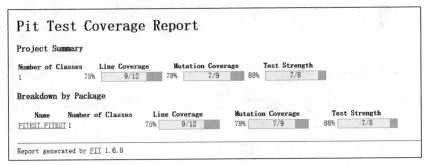

图 4-64　PIT Mutation Test 概要报告

由此可见，PIT Summary 还可以统计测试的语句覆盖率。

4.8.5　修改测试数据

把测试加法的测试数据改为：

```
1   @Test
2   public void testAdd(){
3       Assertions.assertEquals(5, calculator.add(2,3));
4   }
```

其中，第 3 行表示将被加数修改为 2，加数修改为 3。

再次运行，结果如图 4-65 所示，不再存在等价代码。

正如前面所述，如果使用第 4.3.1 节的测试代码和被测代码，则发现不了这个问题，变异测试的算法还是需要不断地进行改进。针对变异测试，Python 的 mutpy 框架要比 PITest 好用得多。

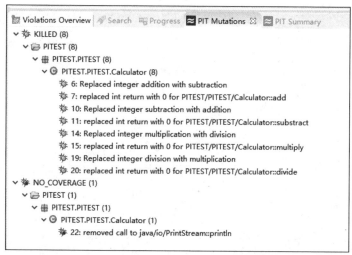

图 4-65　修改后的 PIT Mutation Test 详细报告

4.9　在 Jenkins 中配置 JUnit 4、JUnit 5、TestNG 和 Allure

4.9.1　Jenkins 安装和基本配置

持续集成是 DevOps 很重要的工作，而 Jenkins 是持续集成使用最广泛的工具。在单元测试中，本地代码测试就绪后，需要把代码库（比如 GitHub）中的代码检出到本地，测试没有问题后才可以再把代码检入到代码库中，从而保证代码库中的代码质量，这个工作可以由 Jenkins 来完成。下面介绍 Jenkins 的安装和基本配置。

1. Jenkins 安装

1）最新版本的 Jenkins（本书使用的版本为 V2.382）需要在 Java 11 环境中使用（Java 8 将被抛弃），关于如何在 Windows 下创建多个 JDK 环境，参见本书第 7.3.1 节的介绍。

2）下载 jenkins.war 包。

3）在环境配置变量中配置 %JENKINS_HOME%。（在 Windows 环境下，%JENKINS_HOME%默认在 C:\Users\<UserName>\.jenkins 目录下；在 Linux 环境下，%JENKINS_HOME%默认在/root/.jenkins 目录下。）

4）在 jenkins.war 文件目录下，通过命令"java -jar jenkins.war"启动 Jenkins。

5）启动后，打开浏览器，输入"http://127.0.0.1:8080"。

6）将"%JENKINS_HOME%\secrets\initialAdminPassword"中的初始化密码填到网页中。

7）按照提示安装所建议的插件。

2. Jenkins 基本配置

1）打开 Jenkins 主界面，选择菜单"Manage Jenkins→Configure System"。

2）查看主目录是否正确，如图 4-66 所示。

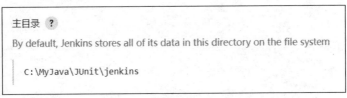

图 4-66　查看 Jenkins 主目录

3）配置"Jenkins URL"和"系统管理员邮件地址"，如图 4-67 所示。

4）选择菜单"Manage Jenkins→Global Tool Configuration"配置 JDK 信息，如图 4-68 所示，注意不要选择"Install automatically"选项。

图 4-67　配置"Jenkins URL"和"系统管理员邮件地址"信息

图 4-68　配置 JDK 信息

5）选择菜单"Manage Jenkins→Global Tool Configuration"配置 Maven 信息，如图 4-69 所示。

- mvn-3.8.6：Maven 的名称，使用时，配置信息必须与此一致。
- C:\apache\apache-maven-3.8.6：Maven 的主目录。

6）选择菜单"Manage Jenkins→Manage Plugins"进入插件管理。其中，Updates 为需要更新的插件，Available plugins 为可以安装的插件，Installed plugins 为已经安装的插件，Advanced settings 为高级设置，如图 4-70 所示。

图 4-69　配置 Maven 信息 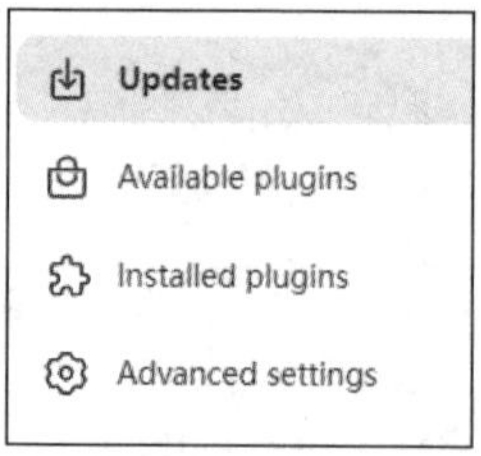　　　　　　图 4-70　Manage Plugins

8）"Advanced settings"的"Deploy Plugin"为安装插件的高级设置，选择相应的插件.hpi 文件，单击【Deploy】按钮，即可安装，如图 4-71 所示。

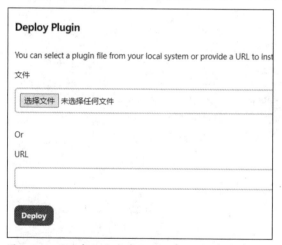

图 4-71　通过高级方式在 Deploy Plugin 中安装插件

3. 在 Jenkins 中创建项目

在 Jenkins 中，有多种方式创建项目，本书尽量通过流水线的方式来创建，因为通过这种方式可以把配置方法作为一个文件进行交流，便于开展 DevOps 工作。但是由于目前不是所有的配置都可以通过流水线的脚本来完成，因此对于不能通过流水线方式创建的 Jenkins 项目，只能采用最简单的 Freestyle project 方式来创建。下面介绍如何创建流水线项目。

1）单击 ＋ 新建Item 按钮，弹出图 4-72 所示的页面。

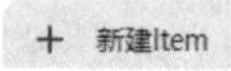

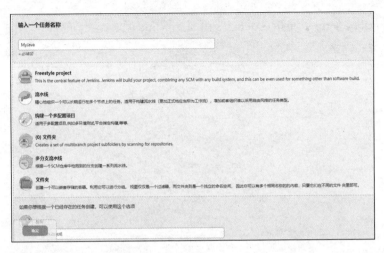

图 4-72　准备创建 Jenkins 项目

2）首先输入任务名，然后选择"流水线"，单击【确定】按钮。

3）可以看到有"Pipeline script"和"Pipeline script from SCM"两种创建方式，如图 4-73 所示。

4）Pipeline script from SCM：先将代码从 SCM（比如 Git）上检出，然后通过事先写好的 Pipeline 脚本运行任务，如图 4-74 所示。

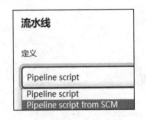

图 4-73　建立流水线项目的两种方式

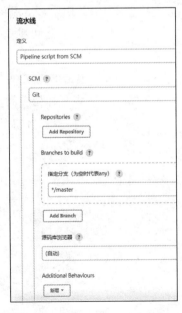

图 4-74　通过 Pipeline script from SCM 方式创建项目

5）Pipeline script：直接在 Jenkins 中写 Pipeline 脚本运行任务，如图 4-75 所示。本书以此方式为主。

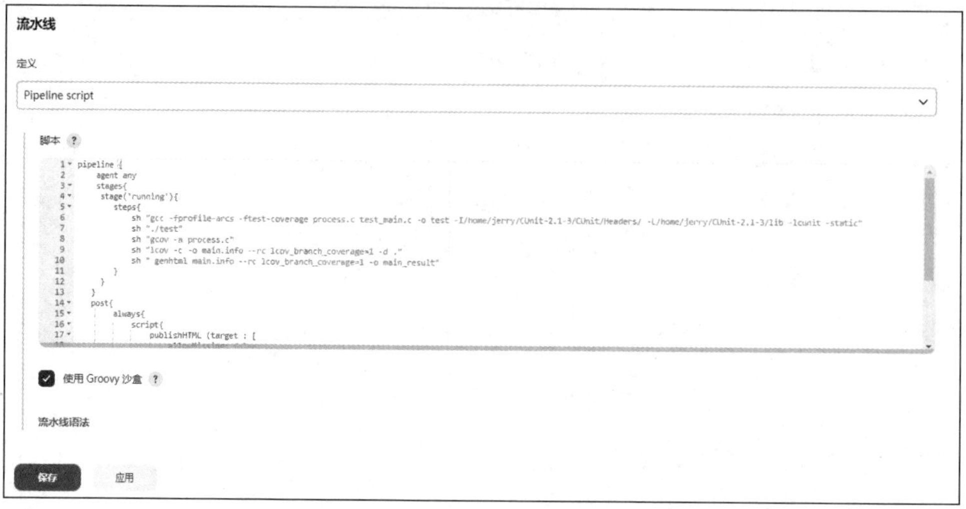

图 4-75　通过 Pipeline script 方式创建项目

Pipeline script 使用的是 Groovy 语言，它是一种基于 JVM（Java 虚拟机）的敏捷开发语言，结合了 Python、Ruby 和 Smalltalk 许多强大的特性，代码能够与 Java 代码很好地结合，也能用于扩展现有代码。由于 Groovy 具有能够运行在 JVM 上的特性，因此其也可以使用其他非 Java 语言编写的库。

6）单击"流水线语法"，在"步骤"的"示例步骤"中选择相应的步骤，输入参数后单击【生成流水线脚本】按钮自动生成 Pipeline 代码，如图 4-76 所示。

图 4-76　自动生成 Pipeline 代码

4.9.2　JUnit 在 Jenkins 中的配置

在 Jenkins 中配置 JUnit 环境的步骤如下。

1）按照第 4.3.10 节或第 4.4.13 节的内容配置 pom.xml 文件。

2）安装 Jenkins JUnit 插件，如图 4-77 所示。

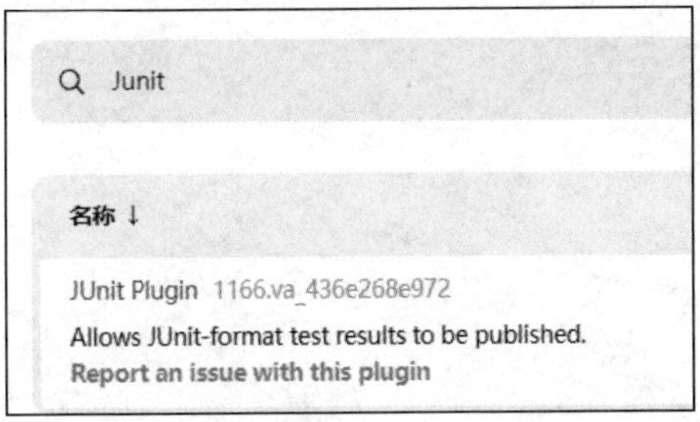

图 4-77　安装 Jenkins JUnit 插件

3）书写 Pipeline 脚本：

```
pipeline {
    agent any
    stages {
        stage('Build'){
            steps {
                bat "mvn clean test"
            }
        }
    }
    post{
        always{
            junit testResults:"**/target/surefire-reports/*.xml"
        }
    }
}
```

bat：执行 Windows 命令；如果要运行 Linux 命令，则使用 sh。

junit testResults:"**/target/surefire-reports/*.xml"：展示 JUnit 测试报告。

post：包含整个 Pipeline 或阶段完成后附加的一些步骤，可选项。post 可以同时包含多种条件块。下面是 post 的参数说明。

- always：不论当前完成状态是什么，都执行。
- changed：只要当前完成状态与上一次完成状态不同就执行。
- fixed：上一次完成状态为失败或不稳定，当前完成状态为成功时执行。
- regression：上一次完成状态为成功，当前完成状态为失败、不稳定或中止时执行。
- aborted：当前执行结果是中止（一般是人为中止）状态时执行。
- failure：当前完成状态为失败时执行。
- success：当前完成状态为成功时执行。
- unstable：当前完成状态为不稳定时执行。
- cleanup：清理条件块。不管当前完成状态如何，在其他所有条件块被执行完成后都被执行。

Pipeline 脚本的基本架构如下：

```
pipeline {
agent any
tools{
  //工具名 '工具标识'
} // tools 为可选项
stages {
      stage('StageName1'){
          steps {
              …
          }
      }
stage('StageName2'){
          steps {
              …
          }
      }
      …
stage('StageNamen'){
          steps {
              …
          }
      }
  }
  post{//事后处理，比如展示测试报告
      always{

      }
  }
}
```

4）查看 JUnit 测试报告，如图 4-78 所示。

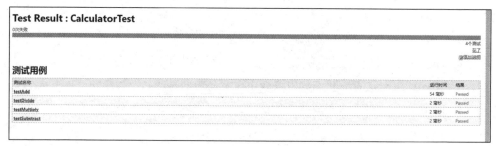

图 4-78　Jenkins JUnit 测试报告

4.9.3　TestNG 在 Jenkins 中的配置

在 Jenkins 中配置 TestNG 环境的步骤如下。

1）按照第 4.5.13 节的内容配置 pom.xml 文件。

2）安装 Jenkins TestNG Result 插件，如图 4-79 所示。

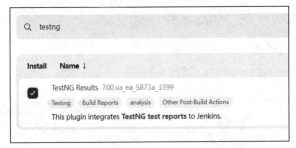

图 4-79　安装 Jenkins TestNG Result 插件

3）书写 Pipeline 脚本：

```
pipeline {
    agent any
    stages {
        stage('Build'){
            steps {
                bat "mvn clean test"
                testNG(reportFilenamePattern:'**/testng-many-results.xml')
            }
        }
    }
    post {
      always {
        testNG(showFailedBuilds:true,
            unstableFails:5, unstableSkips:25,
            failedFails:10, failedSkips:50)
      }
    }
}
```

- testNG(reportFilenamePattern:'**/testng-many-results.xml')：展示 TestNG 报告。
- testNG(showFailedBuilds:true, unstableFails:5, unstableSkips:25, failedFails:10, failedSkips:50)：TestNG 的选项。

4）运行完毕，查看 TestNG 测试报告，如图 4-80 所示。

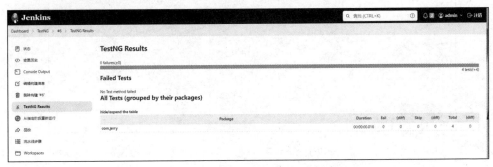

图 4-80　Jenkins TestNG 测试报告

4.9.4　Allure JUnit 在 Jenkins 中的配置

在 Jenkins 中配置 Allure 环境的步骤如下。

1）安装 Jenkins Allure 插件，如图 4-81 所示。

图 4-81　安装 Jenkins Allure 插件

2）选择菜单"Manage Jenkins→Global Tool Configuration"，按照图 4-82 所示进行配置。

3）选择菜单"Manage Jenkins→Configure System"，按照图 4-83 所示进行配置。

图 4-82　在 Global Tool Configuration 下
　　　配置 Allure Commandline

图 4-83　配置 Allure Report

4）按照第 4.5.14 节的内容配置 pom.xml 文件。

5）书写 Pipeline 脚本：

```
pipeline {
    agent any
    tools{
        maven 'mvn-3.8.6'
    }
    stages{
        stage('junit'){
            steps {
                bat "mvn clean test"
            }
        }
    }
    post{
        always{
        junit testResults:"**/target/surefire-reports/*.xml"
        script{
          allure([
            includeProperties:false,
            jdk:'',
            properties:[],
         reportBuildPolicy:'ALWAYS',
         results:[[path:'target/surefire-reports']]
          ])
        }
      }
    }
}
```

其中，maven 'mvn-3.8.6'为图 4-69 配置的 Maven Name 值，表示使用 Maven 工具。script 后面的代码表示测试完毕展示 Allure 报告。关于 Allure 的具体配置，可以查看网上的资料。

6）运行完毕，如图 4-84 所示，单击"Allure Report"展示 Allure 报告。

图 4-84　Allure JUnit 报告

注意，jar 包更新很快，各种不同的 jar 包之间或多或少都存在一些兼容性问题，要想用一个 pom.xml 文件通过一种测试框架（JUnit 4/5 或 TestNG）来做各种测试替身、Allure 集成及后面提到的 JaCoCo、PMD、SonarQube 是不太可能的，读者可以根据产品的自身需求，在测试框架基本的 pom.xml 文件基础上创建多个 pom.xml 文件，随时进行切换。

4.10　习题

1. 书写第 2.1.1 节流程图的 Java 产品代码。

2. 针对第 1 题的产品代码，书写 JUnit 4 测试代码。

3. 针对第 1 题的产品代码，书写 JUnit 5 测试代码。

4. 针对第 1 题的产品代码，书写 TestNG 测试代码。

5. 利用 EvoSuite 对第 1 题书写的产品代码自动生成测试代码。

6. 使用 PITest 分析第 3 题书写的测试代码。

7. 用 EasyMock、JMock、Mockito 和 PowerMock 分别对下列代码进行模拟。

Account.java：

```java
public class Account
{
    private String accountId;
    private long balance;

    public Account(String accountId, long initialBalance){
        this.accountId = accountId;
        this.balance = initialBalance;
    }

    //借记
    public void debit(long amount){
        this.balance -= amount;
    }

    //信用
    public void credit(long amount){
        this.balance += amount;
    }

    public long getBalance(){
        return this.balance;
    }
}
```

AccountManager.java：

```java
import com.Account.JUnit5Project.Account;
```

```
public interface AccountManager{
    Account findAccountForUser(String userId);
    void updateAccount(Account account);
}
```

AccountService.java：

```
import com.Account.JUnit5Project.Account;
import com.Account.JUnit5Project.AccountManager;

public class AccountService{
    //使用账户管理器实现
    private AccountManager accountManager;

    //设置账户管理器实现的方法
    public void setAccountManager(AccountManager manager){
        this.accountManager = manager;
    }

    //一种设置实现客户经理从账户到账户的 senderId beneficiaryId setter 方法
    //senderId:转出方 Id
    //beneficiaryId: 收益方 Id
    //amount:金额
    public void transfer(String senderId, String beneficiaryId, long amount){
        //初始化转出方与收益方，findAccountForUser 为接口类方法
        Account sender = this.accountManager.findAccountForUser(senderId);
        Account beneficiary =
this.accountManager.findAccountForUser(beneficiaryId);

        //转入和收益
        sender.debit(amount);
        beneficiary.credit(amount);
        //更新，updateAccount 为接口类方法
        this.accountManager.updateAccount(sender);
        this.accountManager.updateAccount(beneficiary);
    }
}
```

第 5 章　Python 语言动态自动化单元测试框架

Python 语言动态自动化单元测试框架有 nose、unittest 和 Pytest，本章主要介绍 unittest 和 Pytest。

5.1　unittest

unittest 是 Python 自带的单元测试框架，属于 XUnit 系列，符合 XUnit 的一些规则。下面是用 Python 写的计算器被测代码。

5.1.1　计算器案例

被测代码 Calculator.py：

```python
#!/usr/bin/env python
#coding:utf-8

__metaclass__=type

class calculator:
    def __init__(self,result):
        self.result=int(result)

    def add(self,n):
        self.result = self.result + n

    def subs(self,n):
        self.result = self.result - n

    def multiply(self,n):
        self.result = self.result * n

    def divide(self,n):
        try:
            self.result = self.result/n
        except ZeroDivisionError:
            print ("除数不能为零")
            self.result = 0
```

```
    def getResult(self):
        return self.result;

    def clear(self):
        self.result = 0;
```

测试代码 Calculatortest_by_unittest.py：

```
1    #!/usr/bin/env python
2    #coding:utf-8
3    import unittest
4    from Calculator import calculator
5
6    class calculatortest(unittest.TestCase):
7        j=calculator(0)
8
9        def setUp(self):
10           self.j.clear()
11           print ("Test start!")
12
13       def test_Add(self):
14           self.j.add(2)
15           self.j.add(3)
16           self.assertEqual(5,self.j.getResult())
17
18       def test_Subtract(self):
19           self.j.add(4)
20           self.j.subs(3)
21           self.assertEqual(1, self.j.getResult())
22
23       def test_Multiply(self):
24           self.j.add(3)
25           self.j.multiply(3)
26           self.assertEqual(9, self.j.getResult())
27
28       def test_Divide(self):
29           self.j.add(6)
30           self.j.divide(2)
31           self.assertEqual(3, self.j.getResult())
32
33       def tearDown(self):
34           print ("Test end!")
```

第 3 行表示引入 unittest 类。第 4 行表示引入被测对象类 calculator。

第 6 行：因为 unittest 类继承于 unittest.TestCase 基类，所以"class"后面的括号内必须为 unittest.TestCase。

第 9 行：初始化操作。第 10 行：清空返回变量 j。

第 13、18、23、28 行分别表示测试加法、减法、乘法和除法。第 33 行为测试结束。

主方法可以用：

```
1    if __name__=='__main__':
2        suite=unittest.TestSuite()
3        suite = unittest.makeSuite(calculatortest)
4        runner=unittest.TextTestRunner()
5        runner.run(suite)
```

其中，第 2 行表示构造测试集。第 3 行表示测试 calculatortest 类中的所有方法。

也可以用：

```
1    if __name__=='__main__':
2        suite=unittest.TestSuite()
3        suite.addTest(calculatortest("test_Add"))
4        suite.addTest(calculatortest("test_Subtract"))
5        suite.addTest(calculatortest("test_Multiply"))
6        suite.addTest(calculatortest("test_Divide"))
7        runner=unittest.TextTestRunner()
8        runner.run(suite)
```

第 2 行：构造测试集。

第 3、4、5、6 行分别表示测试 calculatortest 类中的 test_Add()方法、test_Subtract()方法、test_Multiply()方法和 test_Divide()方法。

第 8 行：运行测试集合。

黑体部分为两种方法的不同之处。第一种方法运行测试类 calculatortest 中的所有方法；第二种方法运行测试类 calculatortest 中的指定方法。

5.1.2　unittest 的装饰器

unittest 类似于 JUnit 3，没有@Before、@After 和@test 装饰器，而是通过代码中的方法名来实现这些标签的功能：@Before 等价于 setUp()方法，@After 等价于 tearDown()方法，@test 等价于 test_XXX()方法（以"test_"开始的方法名）。其他的装饰器如表 5-1 所示。

表 5-1　unittest 的装饰器

装饰器	描述
@classmethod def setUpClass(cls):	在整个类运行前只执行一次
@classmethod def tearDownClass(cls):	在整个类运行后只执行一次
@unittest.skip(reason):skip(reason)	无条件跳过装饰的测试，并说明跳过测试的原因
@unittest.skipIf(reason):skipIf(condition,reason)	条件为真时跳过装饰的测试，并说明跳过测试的原因
@unittest.skipUnless(reason):skipUnless(condition,reason)	条件为假时跳过装饰的测试，并说明跳过测试的原因
@unittest.expectedFailure():expectedFailure()	测试标记为失败
@parameterized.expand	测试参数化

5.1.3 unittest 的断言

关于 unittest 的断言，如表 5-2 所示。

表 5-2 unittest 的断言

断言方法	断言描述
assertEqual(a,b[,msg=None])	判断 a==b，测试通过（用于数字）
assertNotEqual(a,b[,msg=None])	判断 a!=b，测试通过
assertAlmostEqual(a,b[,places,...])	判断 a==b，测试通过（places 为浮点数精度）
assertTrue(x[,msg=None])	bool(x)为真，测试通过
assertFalse(x[,msg=None])	bool(x)为假，测试通过
assertIs(a,b[,msg=None])	a 与 b 相同，测试通过
assertIsNot(a,b[,msg=None])	a 与 b 不相同，测试通过
assertIsNone(x[,msg=None])	x 为空，测试通过
assertIsNotNone(x[,msg=None])	x 不为空，测试通过
assertIn(a,b[,msg=None])	a 包含 b，测试通过
assertNotIn(a,b[,msg=None])	a 不包含 b，测试通过
assertIsInstance(a,b[,msg=None])	a 是 b 的一个实例，测试通过
assertNotIsInstance(a,b[,msg=None])	a 不是 b 的一个实例，测试通过
assertDictContainsSubset(a,b[,msg=none])	a 字典中是否包含 b
assertDictEqual(a,b[,msg=none])	两个字典是否相等
assertGreater(a,b[,msg=none])	a>b
assertGreaterEqual(a,b[,msg=none])	a>=b
assertItemsEqual(expected_seq,actual_seq[,msg=none])	一个无序序列特异性的比较
assertListEqual(list1,list2[,msg=none])	list1 与 list2 是否相等.
assertMultiLineEqual(first,second[,msg=none])	两个多行字符串相等
assertNotRegexpMatches(text,unexpected_regexp)	如果文本匹配正则表达式，则失败
assertRaises(excClass[,callableObj])	除非 excclass 类抛出异常才失败
assertRaisesRegexp(expected_exceptn,...)	认为只有在引发异常的情况下,消息才匹配一个正则表达式
assertRegexpMatches(text,expected_regexp[,msg=none])	测试失败，除非文本匹配正则表达式
assertSequenceEqual(seq1,seq2[,msg,seq_type])	有序序列的相等断言(如 lists 和 tuples)

5.1.4 通过 parameterized.expand 实现参数化

下面介绍如何通过 parameterized.expand 实现参数化，代码如下：

```
1    from parameterized import parameterized
2    ···
3    @parameterized.expand([
4     (4,2,2,),
5     (2,4,-2,),
6     (4,4,0,),
7    ])
8    def test_mysubs(self,a,b,p):
```

```
9          self.assertEqual(calculator(a,b).mysubs(),p)
10
11         @parameterized.expand([
12         (4,2,8,),
13         (4,-2,-8,),
14         (-4,2,-8,),
15         (-4,-2,8,),
16         ])
17    def test_mymultiply(self,a,b,p):
18         self.assertEqual(calculator(a,b).mymultiply(),p)
19         ...
20    if __name__=='__main__':
21         suite=unittest.TestSuite()
22         suite = unittest.makeSuite(calculatortest)
23         runner=unittest.TextTestRunner()
24         runner.run(suite)
```

第 3 行：通过@parameterized.expand 参数化，后面是一个元组的 List。

第 8 行：将每个元组中的参数定义为减法方法后的参数。

第 11 行：通过@parameterized.expand 参数化，后面是一个元组的 List。

第 17 行：将每个元组中的参数定义为乘法方法后的参数。

第 21 行：构造测试集。

第 22 行：使用参数必须要用 makeSuite()方法，不能用 suite.addTest()方法，否则会报错。

第 23 行：运行测试集。

由此可见，parameterized.expand list 中每个括号内的元素都对应测试入参的相应变量，与 JUnit 4 的参数化有些类似。注意：由于 List 中的每个元素都是一个元组，因此最后一个参数后面必须有一个逗号，比如 "(4,2,8,),"。

5.1.5 测试异常

我们可以通过 self.assertRaises 来测试异常，被测代码如下：

```
def divide(self,n):
    try:
        self.result = self.result/n
    except ZeroDivisionError:
        print ("除数不能为零")
        self.result = 0
```

当除数为 0 的时候，即抛出 "ZeroDivisionError" 异常。测试代码如下：

```
1    def test_Divide_by_zero(self):
2         self.j.add(6)
3         self.j.divide(0)
4         self.assertRaises(ZeroDivisionError)
```

其中，第 4 行表示通过 assertRaises 测试所期望抛出的异常。

5.1.6　批量运行生成报告

同 JUnit、TestNG 一样，unittest 也可以进行批量测试，并且生成 HTML 格式的测试报告。为了能够得到 HTML 格式的测试报告，需要先下载 HTMLTestRunner.py 文件并放到%PYTHON_HOME%\Lib\目录下。如果你使用的是 Python 2.X 系列，则不需要进行修改；如果是 Python 3.X 系列，则做出如下修改。

```
将 94 行 import StringIO
改为 import io

将 539 行 self.outputBuffer = StringIO.StringIO()
改为 self.outputBuffer = io.StringIO()

将 631 行 print >>sys.stderr,'\nTime Elapsed:%s'%(self.stopTime-self.startTime)
改为 print (sys.stderr,'\nTime Elapsed:%s' % (self.stopTime-self.startTime))

将 642 行 if not rmap.has_key(cls):
改为 if not cls in rmap:

将 766 行 uo = o.decode('latin-1')
改为 uo = o

将 772 行 ue = e.decode('latin-1')
改为 ue = e
```

批量运行代码：

```
1   #!/usr/bin/env python
2   #coding:utf-8
3   import unittest
4   from HTMLTestRunner import HTMLTestRunner
5   test_dir='./'
6   discover=unittest.defaultTestLoader.discover(test_dir,pattern="*test.py")
7
8   if __name__=='__main__':
9       runner=unittest.TextTestRunner()
10      fp=open("result.html","wb")
11      runner=HTMLTestRunner(stream=fp,title='测试报告',description='测试用例执行报告')
12      runner.run(discover)
13      fp.close()
```

第 4 行：导入 HTMLTestRunner。

第 5 行：测试源码所在的目录。

第 6 行："*test.py"为测试文件，支持正则表达式。

第 9 行：创建 runner。

第 10 行：打开报告文件。

第 11 行：生成测试报告，result.html 为测试报告名称。

第 12 行：运行测试。

第 13 行：关闭测试报告文件。

生成的测试报告如图 5-1 所示。

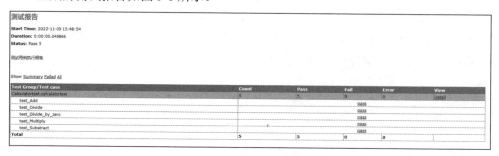

图 5-1　unittest 批量测试生成 HTML 格式的报告

5.2　Pytest

Pytest 也是 Python 的一种测试框架，与 Python 自带的 unittest 测试框架类似，但是比其使用起来更简洁，功能更强大。

Pytest 的特征如下。

- 断言提示信息更清楚。
- 自动化加载方法与模块。
- 支持运行由 nose、unittest 编写的测试用例。
- 支持 Python 2.X 及 Python 3.X。
- 丰富的插件及社区支持。
- 支持参数化。
- 支持失败重跑。
- 支持以多线程方式运行测试用例。
- 支持分布式。

5.2.1　Pytest 安装

由于 Pytest 不是 Python 自带的，因此使用前需要通过 pip3 命令安装（注意：Python 3.9 之后取消了 pip 命令）：

```
C:\Users\xiang>pip3 install -U Pytest
```

查看 Pytest 版本：

```
C:\Users\xiang>pytest --version
This is Pytest version 4.0.2,imported from c:
```

```
\python37\lib\site-packages\Pytest.py
```

5.2.2 案例

以第 5.1.2 节的被测代码创建测试代码：

```
1    #coding=utf-8
2    import pytest
3    from Util import util
4    from Calculator import calculator
5
6    class TestCalculator:
7        j=calculator(0)
8        def setup (self):
9            self.j.clear()
10           print("Start Test")
11
12       def test_Add(self):
13           self.j.add(2)
14           self.j.add(3)
15           util.AssertEqual(5,self.j.getResult())
16
17       def test_Subtract(self):
18           self.j.add(4)
19           self.j.subs(3)
20           util.AssertEqual(1, self.j.getResult())
21
22       def test_Multiply(self):
23           self.j.add(3)
24           self.j.multiply(3)
25           util.AssertEqual(9, self.j.getResult())
26
27       def test_Divide(self):
28           self.j.add(6)
29           self.j.divide(2)
30           util.AssertEqual(3, self.j.getResult())
31
32       def tearDown(self):
33           print ("End Test ")
34
35   if __name__ == '__main__':
36       pytest.main(["-s","Calculatortest_by_pytest.py"])
```

第 2 行：引入 Pytest 类。

第 4 行：引入被测类。第 8 行：初始化操作。第 9 行：清空返回变量 j。

第 12、17、22、27 行分别表示测试加法、减法、乘法和除法。

第 32 行：测试结束。第 36 行：测试参数。

需要注意如下事项：

● Pytest 文件：必须以 Test 开头或者以 _test 结尾。

- Pytest 文件中的测试类：必须以 Test 开头，并且不能带有_init_方法。
- Pytest 文件中的方法：必须以 test_开头。

由于 Pytest 没有自己的断言方法，因此只能用 Python 自身的断言，Pytest 所有的断言都被封装在 Util.py 文件中：

```
1   #!/usr/bin/env python
2   #coding:utf-8
3   class util:
4       def AssertEqual(a,b):
5           assert a == b
6
7       def AssertNotEqual(a,b):
8           assert a != b
9
10      def AssertMoreEqual(a,b):
11          assert a >= b
12
13      def AssertMore(a,b):
14          assert a > b
15
16      def AssertLessEqual(a,b):
17          assert a <= b
18
19      def AssertLess(a,b):
20          assert a < b
21
22      def AssertIn(a,b):
23          assert a in b
24
25      def AssertNotIn(a,b):
26          assert a not in b
27
28      def AssertIsNone(b):
29          if (b):
30              assert 1==1
31          else:
32              assert 1==2
33
34      def AssertIsNone(b):
35          if not (b):
36              assert 1==1
37          else:
38              assert 1==2
```

第 4 行：判断 a 是否等于 b。第 7 行：判断 a 是否不等于 b。

第 10 行：判断 a 是否大于等于 b。第 13 行：判断 a 是否大于 b。

第 16 行：判断 a 是否小于等于 b。第 19 行：判断 a 是否小于 b。

第 22 行：判断 a 是否在 b 中。第 25 行：判断 a 是否不在 b 中。

第 28 行：判断 b 是否为空。第 34 行：判断 b 是否不为空。

在命令行下运行 Pytest：

```
C:\...\python>pytest -s Calculatortest_by_pytest.py
======================= test session starts =======================
platform win32 -- Python 3.8.0, pytest-7.2.0, pluggy-0.13.1
rootdir:C:\...\python
plugins:allure-pytest-2.9.45, apiritif-0.9.3, forked-1.3.0, xdist-2.4.0
collected 4 items

Calculatortest_by_pytest.py 测试开始
.测试开始
.测试开始
.测试开始
.
...
```

5.2.3　Pytest 的装饰器

Pytest 的装饰器如表 5-3 所示。

表 5-3　Pytest 的装饰器

装饰器	描述
setup_module/teardown_module	在所有测试用例执行之前和之后执行
setup_function/teardown_function	在每个测试用例之前和之后执行
setup_class/teardown_class	在当前测试类开始与结束时执行
setup/teardown	在每个测试方法开始与结束时执行
setup_method/teardown_method	在每个测试方法开始与结束时执行，与 setup/teardown 相同

5.2.4　Pytest 常用命令行选项

Pytest 的强大之处在于，它可以通过命令行对测试用例进行控制，如本节案例中使用的-s 参数。在运行测试脚本时，为了调试或打印内容，我们会在代码中添加一些打印的内容，但是在运行 Pytest 时，这些内容不会显示出来。如果程序中包括-s 参数，就可以显示了。-v 参数可以使输出信息更详细：

```
pytest.main(["-sv","test_Calculator.py"])
```

输出结果变为如下内容：

```
C:\...\python>pytest -sv Calculatortest_by_pytest.py
======================= test session starts =======================
platform win32 -- Python 3.8.0, pytest-7.2.0, pluggy-0.13.1 --
C:\Users\xiang\AppData\Local\Programs\Python\Python38\python.exe
cachedir:.pytest_cache
rootdir:C:\...\python
```

```
plugins:allure-pytest-2.9.45, apiritif-0.9.3, forked-1.3.0, xdist-2.4.0
collected 4 items

Calculatortest_by_pytest.py::TestCalculator::test_Add 测试开始
PASSED
Calculatortest_by_pytest.py::TestCalculator::test_Subtract 测试开始
PASSED
Calculatortest_by_pytest.py::TestCalculator::test_Multiply 测试开始
PASSED
Calculatortest_by_pytest.py::TestCalculator::test_Divide 测试开始
PASSED
```

这样的显示结果明显清晰了很多，指出了哪条测试用例被运行。对于命令行参数可以通过下面语句获得，这里不做更多的介绍。

```
C:\Users\xiang>pytest --help
```

5.2.5 Pytest 实现并发测试

要让 Pytest 实现并发测试，必须安装 pytest-parallel：

```
C:\Users\xiang>pip3 install pytest-parallel
```

注意：这个插件仅仅支持 Python 3.6 及以上版本，而且如果想实现多进程并发，必须运行在 UNIX 或者 Mac 系统的机器上，Windows 环境仅仅支持多线程运行。运行时需要指定以下参数。

- --workers (optional)X：多进程运行，X 是进程数，默认值为 1。
- --tests-per-worker (optional)X：多线程运行，X 是每个 worker 运行的最大并发线程数，默认值为 1。

代码如下：

```
1    #coding=utf-8
2    import pytest
3
4    @Pytest.mark.release
5    class TestClass1(object):
6        def test_one(self):
7            x = "this"
8            assert 'h' in x
9        def test_two(self):
10           x = "hello"
11           assert hasattr(x,'check')
12   class TestClass2(object):
13       def test_one(self):
14           x = "this"
15           assert 'h' in x
16       def test_two(self):
17           x = "hello"
```

```
18          assert hasattr(x,'check')
19  if __name__ == '__main__':
20      pytest.main('-sv --workers 2 TesterTalk.py')
```

第 4 行：并发测试需要在头部加上@Pytest.mark.release。

第 18 行：判断 x 对象中是否存在 name 属性'check'.

第 20 行：在命令行中输入 "Pytest TesterTalk.py --workers 2" 表示指定两个进程并发；在命令行中输入 "Pytest TesterTalk.py --workers 2 --test-per-worker 3" 表示指定两个进程并发，每个进程最多运行 3 个线程。

5.2.6　Pytest 特有的参数化功能

同 unittest 类似，Pytest 也可以通过 parameterized.expand 来实现参数化的功能。另外，Pytest 还具有其独特的参数化方法，即通过 mark.parametrize、fixtures 和外部数据对测试用例进行参数化。

1. 通过 mark.parametrize 参数化

代码如下：

```
1   #利用 Mark_Usefixtures 进行参数化
2   import pytest
3   from Calculator import calculator
4   from Util import util
5
5   j=calculator(0)
6
7   test_data = [
8       {
9           'first':20,
10          'second':30,
11          'result':50
12      },
13      {
14
15          'first':20,
16          'second':20,
17          'result':40
18      },
19  ]
20
21  @pytest.mark.parametrize('param', test_data)
22  def test_Calculato(param):
23      j.clear()
24      j.add(param["first"])
25      j.add(param["second"])
26      util.AssertEqual(param["result"],j.getResult())
27
28
```

```
29    if __name__ == '__main__':
30        pytest.main(["-sv"," Test_Parms_By_Mark_Usefixtures"])
```

第 7 行：定义参数字典类列表。

第 21 行：@pytest.mark.parametrize()中的第一个参数为该方法的变量，第二个参数为第一个参数的来源。

第 22 行：param 参数为第 21 行定义的第一个参数。

第 23 行：开始遍历 param 参数，进行测试。

运行结果如下：

```
C:\Users\…>pytest -sv Test_Parms_By_Mark_Usefixtures.py
=========================== test session starts ============================
platform win32 -- Python 3.8.0, pytest-7.2.0, pluggy-0.13.1 --
C:\Users\xiang\AppData\Local\Programs\Python\Python38\python.exe
cachedir:.pytest_cache
rootdir:C:\Users\xiang\桌面\软件单元测试\code\python\Pytest\Parms
plugins:allure-pytest-2.9.45, apiritif-0.9.3, cov-4.0.0, forked-1.3.0,
mock-3.10.0, xdist-2.4.0
collected 2 items

Test_Parms_By_Mark_Usefixtures.py::test_Calculato[param0] PASSED
Test_Parms_By_Mark_Usefixtures.py::test_Calculato[param1] PASSED
=========================== 2 passed in 0.13s ============================
```

由于上述代码有两组参数，因此作为两个测试用例进行处理。

2. 通过 fixtures 参数化

代码如下：

```
1    import pytest
2    from Calculator import calculator
3    from Util import util
4
5    j=calculator(0)
6    @pytest.fixture(params=[{'first':20,"second":30,"result":50},{'first':20
     ,"second":20,"result":40}])
7    def account_provider(request):
8        return request.param
9
10   def test_Calculato(account_provider):
11       j.clear()
12       j.add(account_provider["first"])
13       j.add(account_provider["second"])
14       util.AssertEqual(account_provider["result"],j.getResult())
15
16   if __name__ == '__main__':
17       pytest.main(["-sv","Test_Parms_By_Pytest_Fixture.py"])
```

第 6 行：要想利用 fixtures 的 params，需要加上@pytest.fixture(params=后面是字典类列表)。

第 7 行：request 参数是固定的。

第 8 行：返回的 request.parm 参数也是固定的。

第 10 行：def test_Calculato 后面的参数为第 7 行定义的方法。

运行结果如下：

```
C:\python>pytest -sv Test_Parms_By_Pytest_Fixture.py
============================ test session starts ============================
platform win32 -- Python 3.8.0, pytest-7.2.0, pluggy-0.13.1 --
C:\Users\xiang\AppData\Local\Programs\Python\Python38\python.exe
cachedir:.pytest_cache
rootdir:C:\python
plugins:allure-pytest-2.9.45, apiritif-0.9.3, forked-1.3.0, xdist-2.4.0
collected 2 items
Test_Parms_By_Pytest_Fixture.py::test_Calculato[account_provider0] PASSED
Test_Parms_By_Pytest_Fixture.py::test_Calculato[account_provider1] PASSED
============================ 2 passed in 0.05s ============================
```

由于上述代码有两组参数，因此作为两个测试用例进行处理。

注意：在使用 fixture 标记方法后，方法将默认接入一个 request 参数，它包含使用该 fixture 方法的信息，这样可以更加灵活地根据不同的方法来决定创建不同的对象及释放方法。

3. 通过外部数据参数化

将名为 data.xlsx 的 Excel 文件放入与 Util.py 同一个目录下，文件内容如图 5-2 所示。代码如下：

```
import xlrd
from xlutils.copy import copy
...

#读取 Excel 文件
  def read_from_excel():
      fname = './data.xlsx'
      filename = xlrd.open_workbook(fname)
      sheets = filename.nsheets
      sheet1 = filename.sheets()[0]
      nrows1 = sheet1.nrows
      row_list = []
      for i in range(0,nrows1):
          row_datas = sheet1.row_values(i)
          row_list.append(row_datas)
      return row_list
```

	A	B	C
1	100	200	300
2	1	5	6

图 5-2　data.xlsx 文件内容

测试代码：

```
1   import pytest
2   from Calculator import calculator
3   from Util import util
4
5   j=calculator(0)
6   values = util.read_from_excel()
7   @pytest.mark.parametrize('v',values)
8   def test_login(v):
9       j.clear()
10      j.add(v[0])
11      j.add(v[1])
12      util.AssertEqual(v[2],j.getResult())
13  if __name__ == '__main__':
14      pytest.main(["-sv","Test_Parms_By_Pytest_XLSX.py"])
```

第 6 行：通过 util 类中的 read_from_excel()方法把 Excel 中的数据读取到变量
values 中。

第 7 行：利用外部数据@pytest.mark.parametrize('v',values)把变量 value 的一列值
复制到变量 v。

第 8 行：开始测试，遍历 values 中的所有数据。

运行结果如下：

```
=========================== test session starts ============================
platform win32 -- Python 3.8.0, pytest-7.2.0, pluggy-0.13.1 --
C:\Users\xiang\AppData\Local\Programs\Python\Python38\python.exe
cachedir:.pytest_cache
rootdir:C:\python
plugins:allure-pytest-2.9.45, apiritif-0.9.3, forked-1.3.0, xdist-2.4.0
collecting ... import 'Test_Parms_By_Pytest_XLSX'
# <_pytest.assertion.rewrite.AssertionRewritingHook object at
0x0000020F08483FD0>
collected 2 items

Test_Parms_By_Pytest_XLSX.py::test_login[v0] PASSED
Test_Parms_By_Pytest_XLSX.py::test_login[v1] PASSED
```

测试框架把 Excel 第一列的值赋值给 v0、第二列的值赋值给 v1……

5.2.7　配合 Allure 生成漂亮的 Pytest 测试报告

Pytest 也可以通过 Allure 生成漂亮的测试报告，其步骤如下。

1）改写测试代码 Test_Calculator.py：

```
#coding=utf-8
import os
import allure
```

```python
import pytest
from Util import util
from Calculator import calculator

j=calculator(0)
@allure.step("测试加法")
def Add():
    j.clear()
    j.add(2)
    j.add(3)
    util.AssertEqual(5,j.getResult())

@allure.step("测试减法")
def Subtract():
    j.clear()
    j.add(4)
    j.subs(3)
    util.AssertEqual(1, j.getResult())

@allure.step("测试乘法")
def Multiply():
    j.clear()
    j.add(3)
    j.multiply(3)
    util.AssertEqual(9, j.getResult())

@allure.step("测试除法")
def Divide():
    j.clear()
    j.add(6)
    j.divide(2)
    util.AssertEqual(3, j.getResult())

class TestCalculator:
    def setup_class(self):
        basedir = os.getcwd()
        delDir = basedir + "\\report\\xml\\"
        util.del_file(delDir)

    @allure.title("测试计算器功能")
    @allure.severity('blocker')
    @allure.feature('test_ Calculator')
    @allure.story('test_story_01')
    @allure.issue("http://192.168.0.156/1")
    @allure.testcase("http://www.testlink.com/1")
    def test_case_1(self):
        """
        用例描述：这个用例测试简易计算器的加、减、乘、除
        """
        allure.attach(body="这个测试用例测试简易计算器的加减乘除", name="test 文本
01", attachment_type=allure.attachment_type.TEXT)
```

```
        allure.attach.file("./Calculator.jpeg", attachment_type=
allure.attachment_type.JPG)
        Add()
        Subtract()
        Multiply()
        Divide()

if __name__ == '__main__':
    pytest.main(['-sv','-q','--alluredir','./report/xml'])
```

其中，加、减、乘、除作为测试类以外的方法，在每一种方法之前，都通过@allure.step("
测试加/减/乘/除法")描述测试步骤。在测试类中，通过一种方法可以调用类外的这四
种方法。

2）在命令行中运行：

```
C:\python>pytest -sv -q --alluredir ./report/xml
…
-- Docs:https://docs.pytest.org/en/stable/how-to/capture-warnings.html
4 passed, 4 warnings in 0.19s
```

3）创建文件 environment.properties：

```
Project Name=Calculator
Author = Jerry Gu
System Version= Win10
python version "3.8.0"
Allure Version= 2.20.1
```

4）运行：

```
C:\python>copy environment.properties .\report\xml
C:\python>allure serve .\report\xml\
```

5）自动产生测试报告，如图 5-3、图 5-4 和图 5-5 所示。

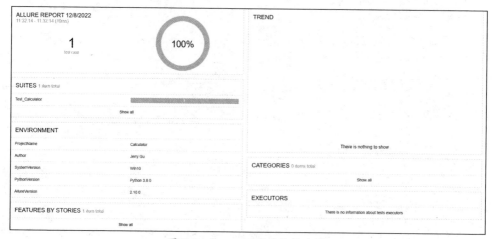

图 5-3　Pytest 测试总体报告图

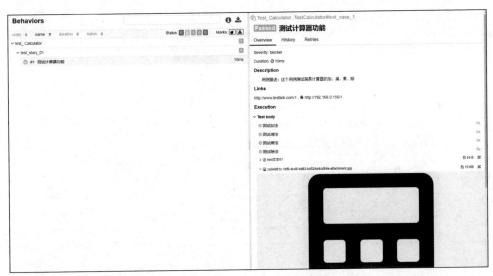

图 5-4　Pytest 测试具体报告图

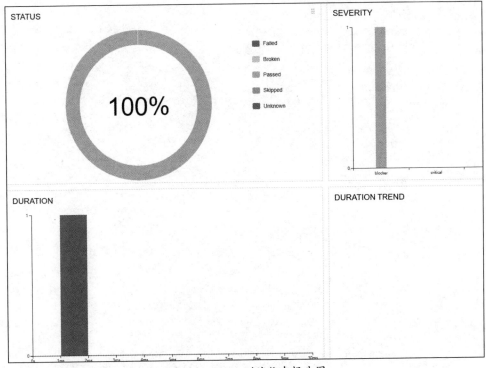

图 5-5　Pytest 测试状态报告图

1. 静态用例描述与动态用例描述

Pytest 对 Allure 的使用也支持动态和静态装饰器，与 JUnit Allure 装饰器的对应关系如表 5-4 所示。

表 5-4　Pytest 装饰器与 JUnit Allure 装饰器的对应关系

JUnit 静态装饰器	Pytest 静态装饰器	Pytest 动态装饰器
@Feature	@allure.feature	allure.feature
@Story	@allure.story	allure.story
@Description	无	""" Str """
@DisplayName	@allure.title	allure.title
@Severity	@allure.severity	allure.severity
@Link	@allure.testcase	allure.testcase
@Issue	@allure.issue	allure.issue
@Step	@allure.step	allure.step
@Attachment(type=Str,value=Str)	无	allure.attach

通过动态装饰器修改 Test_Calculator.py：

```
#coding=utf-8
import allure
import pytest
from Util import util
from Calculator import calculator

j=calculator(0)
@allure.step("测试加法")
def Add():
    j.clear()
    j.add(2)
    j.add(3)
    util.AssertEqual(5,j.getResult())

@allure.step("测试减法")
def Subtract():
    j.clear()
    j.add(4)
    j.subs(3)
    util.AssertEqual(1, j.getResult())

@allure.step("测试乘法")
def Multiply():
    j.clear()
    j.add(3)
    j.multiply(3)
    util.AssertEqual(9, j.getResult())

@allure.step("测试除法")
def Divide():
    j.clear()
    j.add(6)
    j.divide(2)
    util.AssertEqual(3, j.getResult())
```

```
class TestCalculator:

    def test_case_1(self):
        """
        用例描述：这个用例测试简易计算器的加、减、乘、除
        """
        allure.title("测试计算器功能")
        allure.severity('blocker')
        allure.feature('test_ Calculator')
        allure.story('test_story_01')
        allure.issue("http://192.168.0.156/1")
        allure.testcase("http://www.testlink.com/1")
        allure.attach(body="这个用例测试简易计算器的加、减、乘、除", name="test 文本
01", attachment_type=allure.attachment_type.TEXT)
        allure.attach.file("./Calculator.jpeg", attachment_type=
allure.attachment_type.JPG)
        Add()
        Subtract()
        Multiply()
        Divide()

if __name__ == '__main__':
    pytest.main(['-sv','-q','--alluredir','./report/xml'])
```

动态用例描述的测试报告和静态用例描述的测试报告是一样的。

2. @Severity

Pytest 装饰器与 JUnit Severity 装饰器的对应关系如表 5-5 所示。

表 5-5　Pytest 装饰器与 JUnit Severity 装饰器的对应关系

JUnit Severity	Pytest Severity
@Severity(SeverityLevel.BLOCKER)	blocker
@Severity(SeverityLevel.CRITICAL)	critical
@Severity(SeverityLevel.NORMAL)	normal
@Severity(SeverityLevel.MINOR):	minor
@Severity(SeverityLevel.TRIVIAL)	trivial

5.2.8　在 Jenkins 中配置 Allure Pytest

在 Jenkins 中配置 Pytest 环境的步骤如下。

1）参考第 4.9.4 节中的第 1）步～第 3）步配置 Allure 环境。

2）在 Jenkins 中安装 Python 插件。

3）配置 Pipeline 脚本：

```
pipeline {
    agent any

    tools{
        maven 'mvn-3.8.6'
    }
```

```
stages{
        stage("Build"){
            steps{
                withPythonEnv("C:\\Users\\xiang\\AppData\\Local\\
Programs\\Python\\Python38\\"){
                    bat "del /F /S /Q allure-results"
                    bat "pytest -s -v --alluredir ./allure-results"
                    bat "winrar.exe a report.zip ./allure-results"
                }
            }
        }
    }
post{
    always{
        script{
            allure([
                includeProperties:false,
                jdk:'',
                properties:[],
                reportBuildPolicy:'ALWAYS',
                results:[[path:'allure-results']]
            ])
        }
    }
}
}
```

- "C:\\Users\\xiang\\AppData\\Local\\Programs\\Python\\Python38\\"为 Python 的安装路径。

- "bat "winrar.exe a report.zip ./allure-results""将生成的测试文件打成.zip 包。

4）运行完毕，如图 5-6 所示，单击"Allure Report"查看报告。

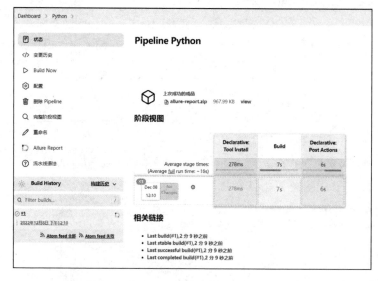

图 5-6　在 Jenkins 中构建 Pytest 后的界面

5.3　Python 的模拟对象

在第 4.6.4 节中介绍过 Java 的模拟对象技巧，这里介绍 Python 的模拟对象技巧。在 unittest 中存在自带模拟对象模块：mock，Pytest 中的模拟对象模块使用第三方库：pytest-mock，通过下面的命令获得。

```
pip3 install pytest-mock
```

5.3.1　产品代码

score.py：

```
1   #!/usr/bin/env python
2   #coding:utf-8
3
4   class Score:
5       def __init__(self):
6           pass
7       def get_score_by_student_id(self, student_id):
8           pass
9       def get_address_average_score(self,student_id):
10          # 成绩信息：{"Chinese":95,"Mathematics":97,"English":100}
11          score = self.get_score_by_student_id(student_id)
12          return (score.get("Chinese")+ score.get("Mathematics")+
    score.get("English"))/3
```

第 7 行：get_score_by_student_id()方法，利用学号查询学生的成绩，通过数据库来实现，由于当前测试的是代码的逻辑功能，因此数据库的操作需要使用模拟对象技术来实现。

第 9 行：get_address_average_score()方法用于获得学号为 student_id 的平均成绩。get_address_average_score()方法需要调用 get_score_by_student_id()方法。

5.3.2　通过 unittest 使用模拟对象

unnittest_mock.py：

```
1   import unittest
2   from unittest import mock
3   from score import Score
4   class TestScore(unittest.TestCase):
5       def test_average_score(self):
6           mock_value = {"Chinese":94,"Mathematics":97,"English":100}
7           score = Score()
8           score.get_score_by_student_id = mock.Mock(return_value=mock_value)
9           assert score.get_address_average_score(4)== 97
10  if __name__ == "__main__":
11      unittest.main()
```

第 2 行：引入 unittest 的模拟对象类：mock。

第 3 行：引入被测类。

第 6 行：定义 mock value 的值。

第 7 行：实例化一个成绩对象。

第 8 行：通过 return_value=mock_value 模拟 get_score_by_student_id()方法。

第 9 行：调用 get_address_average_score()方法并进行判断。

5.3.3 通过 Pytest 使用模拟对象

test_pytest_mock.py：

```
1    import pytest
2    from score import Score
3    def test_average_score(mocker):
4        """
5        获得 Mock
6        :param mocker:
7        :return:
8        """
9        score = Score()
10       mock_value = {"Chinese":94,"Mathematics":97,"English":100}
11       score.get_score_by_student_id = mocker.patch("score.Score.get_
     score_by_student_id",return_value=mock_value)
12       assert score.get_address_average_score(4)== 97
13
14   if __name__ == '__main__':
15       pytest.main(["-s","test_pytest_mock.py"])
```

第 2 行：引入被测类。

第 9 行：实例化成绩对象。

第 10 行：对 Score 中方法的返回值进行模拟。

第 11 行：模拟方法，注意需要指定方法的完整路径，mocker.patch 的第一个参数必须是模拟对象的具体路径，第二个参数用来指定返回值。

第 12 行：调用获得平均值的方法，并且进行断言。

运行结果如下：

```
C:\Users\...\python\mock>pytest -sv test_pytest_mock.py
======================= test session starts =======================
platform win32 -- Python 3.8.0, pytest-7.2.0, pluggy-0.13.1 --
C:\Users\xiang\AppData\Local\Programs\Python\Python38\python.exe
cachedir:.pytest_cache
rootdir:C:\Users\...\python\mock
plugins:allure-pytest-2.9.45, apiritif-0.9.3, cov-4.0.0, forked-1.3.0,
mock-3.10.0, xdist-2.4.0
collected 1 item

test_pytest_mock.py::test_average_score PASSED
```

5.4　变异测试工具 mutpy

下面介绍 Python 的变异测试工具：mutpy。

5.4.1　mutpy 的安装

mutpy 仅能在 Linux 环境下运行，在 Windows 环境下运行失败。

在线安装：

```
pip3 install mutpy
```

离线安装：

```
#git clone git@github.com:mutpy/mutpy.git
#cd mutpy/
#python setup.py install
```

5.4.2　mutpy 的使用

在项目的目录下，打开命令行工具，运行下面的命令：

```
root@ubuntu:/home/jerry/muttest#mut.py --target calculator --unit-test
test_calculator -m
[*] Start mutation process:
  - targets:calculator
  - tests:test_calculator
[*] 1 tests passed:
  - test_calculator [0.00040 s]
[*] Start mutants generation and execution:
  - [#  1] AOR calculator:
------------------------------------------------------------------------
  1:def mul(x, y):
- 2:    return x * y
+ 2:    return x / y
------------------------------------------------------------------------
[0.01345 s] killed by test_mul (test_calculator.CalculatorTest)
  - [#  2] AOR calculator:
------------------------------------------------------------------------
  1:def mul(x, y):
- 2:    return x * y
+ 2:    return x // y
------------------------------------------------------------------------
[0.01476 s] killed by test_mul (test_calculator.CalculatorTest)
  - [#  3] AOR calculator:
------------------------------------------------------------------------
  1:def mul(x, y):
- 2:    return x * y
+ 2:    return x ** y
```

```
--------------------------------------------------------------------
[0.01048 s] survived
[*] Mutation score [0.11673 s]:66.7%
   - all:3
   - killed:2 (66.7%)
   - survived:1 (33.3%)
   - incompetent:0 (0.0%)
   - timeout:0 (0.0%)
You have new mail in /var/mail/root
```

可以看到，3 个变异中存活了 1 个，被杀死了 2 个，最后结果为 66.7%。分析原因：针对 x * y 的 3 个变异 x / y、x // y 和 x ** y，由 x=2，y=2，可知：

- x*y 的测试结果为 4，返回 True。
- 变异 x / y 的测试结果为 1，返回 False。
- 变异 x // y 的测试结果为 1，返回 False。
- 变异 x ** y 的测试结果为 2，返回 True。

因此，当 x=2，y=2 时，变异 x ** y 与源代码等价。修改后的测试代码：

```python
from unittest
from calculator import mul

class CalculatorTest(unittest.TestCase):
    def test_mul(self):
        self.assertEqual(mul(2, 3), 6)
```

再次运行，不再存在等价源代码了。

```
root@ubuntu:/home/jerry/muttest#mut.py --target calculator --unit-test
test_calculator -m
[*] Start mutation process:
   - targets:calculator
   - tests:test_calculator
[*] 1 tests passed:
   - test_calculator [0.00050 s]
[*] Start mutants generation and execution:
   - [# 1] AOR calculator:
--------------------------------------------------------------------
  1:def mul(x, y):
- 2:    return x * y
+ 2:    return x / y
--------------------------------------------------------------------
[0.05670 s] killed by test_mul (test_calculator.CalculatorTest)
   - [# 2] AOR calculator:
--------------------------------------------------------------------
  1:def mul(x, y):
- 2:    return x * y
+ 2:    return x // y
--------------------------------------------------------------------
[0.03214 s] killed by test_mul (test_calculator.CalculatorTest)
```

```
 - [#  3] AOR calculator:
------------------------------------------------------------------
 1:def mul(x, y):
- 2:    return x * y
+ 2:    return x ** y
------------------------------------------------------------------
[0.04315 s] killed by test_mul (test_calculator.CalculatorTest)
[*] Mutation score [0.20079 s]:100.0%
 - all:3
 - killed:3 (100.0%)
 - survived:0 (0.0%)
 - incompetent:0 (0.0%)
 - timeout:0 (0.0%)
```

5.5　习题

1. 书写第 2.1.1 节流程图的 Python 产品代码。

2. 针对第 1 题的产品代码，书写 unittest 测试代码。

3. 针对第 1 题的产品代码，书写 Pytest 测试代码。

4. 用 mutpy 工具分析第 3 题的测试代码。

第6章 代码覆盖率工具

6.1 C 语言覆盖率工具 gcov 和 lcov

gcov 和 lcov 是 C 语言覆盖率工具。配合 gcc（gcc 是 C 语言的编译工具），gcov 可以用于分析代码，并且可以帮助程序员更高效地编写代码。gcov 类似于一种分析工具，利用 gcov 或者 gprof（一种性能分析工具）可以收集一些基础的性能统计数据。比如，

- 每一行代码执行的频率。
- 每一个代码文件中实际被执行的行数。
- 每一个代码块执行所用的时间。

gcov 创建一个名为"源文件名称.gcxx"（这里的源文件名称指的是.c 或者.cc 文件的文件名）的日志文件，表示这个"源文件.c"中每一行被执行的次数。这些文件可以配合 gprof 使用。

要想利用 gcov 解决问题只能用 gcc 编译这些代码，它和其他的分析工具或者测试代码覆盖率的机制是不兼容的。

在大部分 Linux 版本中都会自带 gcov 工具。

lcov 是 gcc 测试覆盖率的前端图形展示工具，通过收集多个源文件的行、方法和分支的代码覆盖信息并使用 genhtml 命令生成 HTML 页面。

6.1.1 lcov 与 gcov 的安装和运行

1. lcov 与 gcov 在 Linux 下的安装和运行

首先，在 Linux 终端运行如下命令：

```
root@ubuntu:/home/jerry#sudo apt install lcov
root@ubuntu:/home/jerry#cd Myc
root@ubuntu:/home/jerry/MyC#gcc -fprofile-arcs -ftest-coverage process.c
test_main.c -o test -I/home/jerry/CUnit-2.1-3/CUnit/Headers/
-L/home/jerry/CUnit-2.1-3/lib -lcunit -static  //确定产生 test_main.gcno 文件
root@ubuntu:/home/jerry/MyC#./test
root@ubuntu:/home/jerry/MyC#gcov -a process.c
File 'process.c'
Lines executed:100.00% of 10
Creating 'process.c.gcov'
```

最后一句为运行 gcov 命令, 其中,

- /home/jerry/MyC 为 C 语言的工作目录。
- Lines executed:100.00% of 10 表示被测文件 process.c 中的有效行数为 10, 语句覆盖率为 100.00%。

打开生成的 process.c.gcov 文件, 可以看到具体的报告内容:

```
    -:    0:Source:process.c
    -:    0:Graph:process.gcno
    -:    0:Data:process.gcda
    -:    0:Runs:1
    -:    0:Programs:1
    -:    1:#include <stdio.h>
    -:    2:#include "process.h"
    -:    3:
    8:    4:int process(int x, int y, int z){
    8:    5:    int k=0;
    8:    6:    int j=0;
    8:    7:    if((x>3)&&(z<10)){
    8:    7-block  0
    6:    7-block  1
    4:    8:            k=x*y-1;
    4:    9:            j=k^2;
    4:    9-block  0
    -:   10:    }
    8:   11:    if((x==4)||(y>5)){
    8:   11-block  0
    4:   11-block  1
    4:   12:            j=x*j+10;
    4:   12-block  0
    -:   13:    }
    8:   14:    j=j%3;
    8:   15:    return k+j;
    8:   15-block  0
    -:   16:}
```

接下来, 运行 lcov 命令生成测试报告。注意: 只有先运行 gcov 命令以后, 才可以运行 lcov 命令 (这一点在后面的 Windows 下也是一样的)。

```
root@ubuntu:/home/jerry/MyC#lcov -c -o main.info --rc lcov_branch_coverage=1 -d.
root@ubuntu:/home/jerry/myC#genhtml main.info --rc lcov_branch_coverage=1 -o
main_result
Reading data file main.info
Found 2 entries.
Found common filename prefix "/home/jerry"
Writing .css and .png files.
Generating output.
Processing file myC/process.c
Processing file myC/test_main.c
Writing directory view page.
Overall coverage rate:
```

```
lines......:92.7% (51 of 55 lines)
functions..:100.0% (10 of 10 functions)
branches...:71.4% (10 of 14 branches)
root@ubuntu:/home/jerry/MyC#
```

结果显示，语句覆盖率为92.7%，方法覆盖率为100%，分支覆盖率为71.4%。

2. lcov 和 gcov 在 Windows 下的安装和运行

1）下载 lcov-1.14.tar.gz。

2）在 **Linux** 下先将 **lcov-1.14.tar.gz** 解压。

3）然后把 bin 目录下的 Lcov、Gendesc、Genhtml、Geninfo 和 Genpng 复制到 Windows 中的%MinGW_HOME%\bin 下。

4）在 Windows 命令行中运行：

```
C:\MyC\process>gcc -fprofile-arcs -ftest-coverage process.c test_main.c -o
test -I/mingw-w64/x86_64-8.1.0-posix-seh-rt_v6-rev0/mingw64/include
-L/mingw-w64/x86_64-8.1.0-posix-seh-rt_v6-rev0/mingw64/lib -lcunit -static
C:\MyC\process> test.exe
C:\MyC\process>gcov -a process.c
File 'process.c'
Lines executed:100.00% of 6
Creating 'process.c.gcov'
```

其中，C:\MyC\process 为 C 语言的工作目录。/mingw-w64/x86_64-8.1.0-posix-seh-rt_v6-rev0/mingw64 为%MinGW_HOME%目录。

5）接下来运行 lcov 命令，在%MinGW_HOME%\msys\下运行 msys.bat，在 msys 终端运行如下命令：

```
xiang@DESKTOP-9A8VFKB>cd /c/Myc/process
$ lcov -c -o main.info --rc lcov_branch_coverage=1 -d .
Capturing coverage data from .
Found gcov version:8.1.0
                        Scanning . for .gcda files ...
                                        Found 2 data files in .
                                        Processing process.gcda
                                        Processing test_main.gcda
Finished .info-file creation
$ genhtml main.info --rc lcov_branch_coverage=1 -o main_result
Reading data file main.info
Found 2 entries.
Found common filename prefix "/c/Myc"
Writing .css and .png files.
Generating output.
Processing file process/test_main.c
Processing file process/process.c
Writing directory view page.
Overall coverage rate:
  lines......:92.2% (47 of 51 lines)
  functions..:100.0% (10 of 10 functions)
```

```
branches...:71.4% (10 of 14 branches)
```

6.1.2　lcov 报告

在./main_result/index.html 下生成 lcov 报告，如图 6-1 和图 6-2 所示。

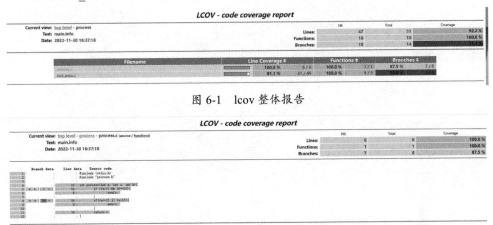

图 6-1　lcov 整体报告

图 6-2　lcov 具体某个文件的报告

从 lcov 整体报告中，可以看到每个文件的行覆盖率（语句覆盖率）、方法覆盖率及分支覆盖率。在 process.c 中行覆盖率为 100%、方法覆盖率为 100%、分支覆盖率为 87.5%，7/8 表示有 8 个分支，覆盖到 7 个。

在 lcov 具体某个文件的报告中，蓝色（文件报告中的蓝色，这里图中无法显示）为覆盖到的代码行。图 6-1 中，第 2 个分支[+ +][− +]表示 x>1 为 Ture 的情况没有被覆盖，x==4 为 Ture/False 和 y>5 为 False 的情况被覆盖。这与第 2.1.7 节的分析一致。

6.1.3　lcov 在 Jenkins 中的应用

由于 lcov 和 genhtml 必须在 Linux 下运行，因此本节所述内容必须运行在 Linux 下（即 C 语言的工作目录和 Jenkins 必须在同一台电脑的 Linux 下）。

1）安装 HTML Publisher 插件，如图 6-3 所示。

图 6-3　安装 HTML Publisher 插件

2）创建项目，代码为第 3.2.3 节的测试文件和被测文件。

3）书写 Pipeline 脚本：

```
pipeline {
    agent any
    stages{
        stage('running'){
            steps{
                sh "gcc -fprofile-arcs -ftest-coverage process.c test_main.c -o
test -I/home/jerry/CUnit-2.1-3/CUnit/Headers/ -L/home/jerry/CUnit-2.1-3/lib
-lcunit -static"
                sh "./test"
                sh "gcov -a process.c"
                sh "lcov -c -o main.info --rc lcov_branch_coverage=1 -d ."
                sh " genhtml main.info --rc lcov_branch_coverage=1 -o main_result"
            }
        }
    }
    post{
        always{
            script{
                publishHTML (target:[
                    allowMissing:false,
                    alwaysLinkToLastBuild:true,
                    keepAll:true,
                    reportDir:'main_result',
                    reportFiles:'index.html',
                    reportName:'My Reports',
                    reportTitles:'The Report'])
                }
            }
        }
    }
}
```

HTMLPublisher 插件的参数请参考 Jenkins 的官网。

4）运行并通过 Firefox 查看，单击 My Reports 查看测试报告，如图 6-4 所示。

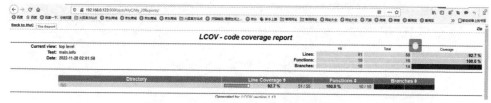

图 6-4　Jenkins 下显示的 lcov 测试结果

注意：查看 HTML Publisher 必须使用 Firefox 浏览器，在其他浏览器下会发生功能和显示错误。

6.2　Java 语言覆盖率工具 JaCoCo

JaCoCo 是一种开源的 Java 覆盖率工具，使用方法很灵活，可以嵌入 Ant、Maven 中，也可以作为 Eclipse 插件或使用 JavaAgent 技术监控 Java 程序等。在介绍 JaCoCo 之前，先来介绍三个概念。

插桩：程序插桩，它是在保证被测程序原有逻辑完整性的基础上，先在程序中插入和执行探针（又称为探测仪，实质上就是进行信息采集的代码段，可以是赋值语句或采集覆盖信息的调用方法），然后通过对程序运行产生的特征数据进行分析获得程序的控制流和数据流信息，进而得到逻辑覆盖等动态信息，从而实现测试目的的方法。

On-the-fly 插桩：在 JVM 中，通过 -javaagent 参数指定特定的 jar 包启动 Instrumentation 的代理程序，代理程序会在利用类加载器装载类前，判断是否转换、修改 class 文件，并将统计代码插入类中，对测试覆盖率的分析可以在 JVM 执行测试代码的过程中完成。

Offline 模式：在测试前先对文件进行插桩生成类或 jar 包，并对它们进行测试在文件中生成覆盖信息，然后统一对覆盖信息进行处理，最后生成报告。

6.2.1　JaCoCo 在 Eclipse 中的应用

1. JaCoCo 安装

打开 Eclipse，在 "help" 菜单中找到 "Eclipse Marketplace" 并搜索 "EclEmma"，如图 6-5 所示。

单击【Install】按钮进行安装，安装过程中需要接受如下协议，如图 6-6 所示。

图 6-5　在 Eclipse 中安装 JaCoCo

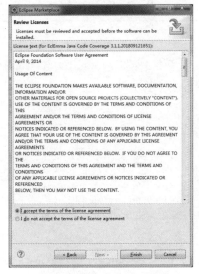

图 6-6　接受 JaCoCo 协议

2. JaCoCo 的使用

1）右击被测代码，选择菜单"Coverage As→Coverage Configurations…"，如图 6-7 所示。

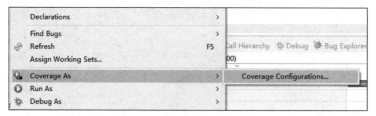

图 6-7 选择"Coverage As→Coverage Configurations…"

2）在"Test"标签中，输入名称、选择项目和包名，如图 6-8 所示。

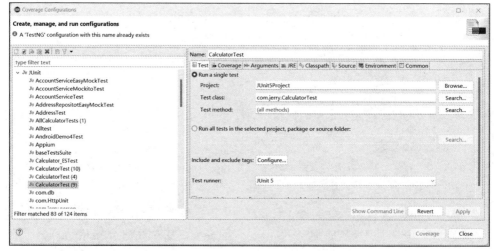

图 6-8 输入名称，选择项目和包名

3）切换到"Coverage"，不要选择测试包，即不对测试代码统计测试覆盖率，如图 6-9 所示。

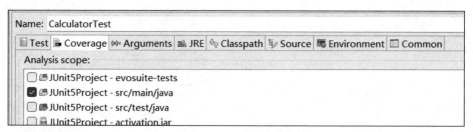

图 6-9 不选测试包

4）单击 按钮，选择前面创建的 JUnit 或 TestNG 项目，如图 6-10 所示。MyProcess 是图 2-1 对应的 Java 代码和表 2-9 中对应的测试用例。

5）运行完毕，打开被测代码，如图 6-11 所示。

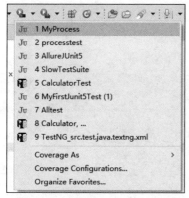

图 6-10　选择 JaCoCo 被测代码

```
J process.java ⊠
 1  package AllureJUnit5.com.jerry;
 2
 3  public class process {
 4⊖      int myprocess(int a,int b,int x) {
 5          if((a>1)&&(b==0))
 6              x=x/a;
 7          if((a==2)||(x>1))
 8              x=x+1;
 9          return x;
10      }
11  }
12
```

图 6-11　JaCoCo 详细测试结果

红色表示没有被覆盖到的代码行或条件/分支覆盖率为 0 的条件语句（因为这段代码均被代码行覆盖到且条件/分支覆盖率不为 0，所以没有红色）。

绿色（见实际测试结果，这里无法显示，后同）表示被覆盖到的代码行或条件/分支覆盖率为 100% 的条件语句（图 6-11 中第 3、5、6、8、9 行）。

黄色表示条件/分支覆盖在 0～100% 的条件语句（图 6-11 中第 7 行）。

6）打开菜单"Window→Show View→Other→Java→Coverage"，查看 JaCoCo 整体测试结果，如图 6-12 所示。

Element	Coverage	Covered Instructions	Missed Instructions	Total Instructions
∨ 🦾 AllureJUnit5	89.7 %	174	20	194
> 🗁 src/test/java	100.0 %	124	0	124
∨ 🗁 src/main/java	71.4 %	50	20	70
∨ ⊞ AllureJUnit5.com.jerry	71.4 %	50	20	70
> Ɉ process.java	100.0 %	21	0	21
> Ɉ Calculator.java	59.2 %	29	20	49

图 6-12　JaCoCo 整体测试结果

"process.java"行的数据及意义如下。

- Coverage（100%）：语句覆盖率为 100%。
- Covered Instructions（21）：覆盖到 21 行。
- Missed Instructions（0）：未覆盖到 0 行。
- Total Instructions（21）：总共 21 行。

"Calculate.java"行的数据及意义如下。

- Coverage（59.2%）：语句覆盖率为 59.2%。
- Covered Instructions（29）：覆盖到 29 行。
- Missed Instructions（20）：未覆盖到 20 行。

- Total Instructions（49）：总共 49 行。

3. JaCoCo 测试报告

1）打开菜单"File→Export→Run/Debug→Coverage Session"，如图 6-13 所示。

2）选择需要生成报告的测试源及目标地址，如图 6-14 所示。

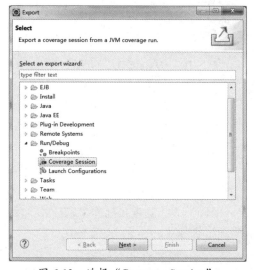

图 6-13　选择"Coverage Session"

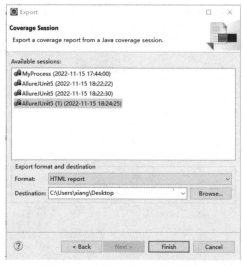

图 6-14　选择 JaCoCo 报告路径

3）生成的报告如图 6-15 所示。

Element	Missed Instructions	Cov.	Missed Branches	Cov.	Missed	Cxty	Missed	Lines	Missed	Methods
● test1()		100%		n/a	0	1	0	2	0	1
● test2()		100%		n/a	0	1	0	2	0	1
● test3()		100%		n/a	0	1	0	2	0	1
● test4()		100%		n/a	0	1	0	2	0	1
● static {...}		100%		n/a	0	1	0	1	0	1
● processTest()		100%		n/a	0	1	0	1	0	1
Total	0 of 42	100%	0 of 0	n/a	0	6	0	10	0	6

图 6-15　JaCoCo 通过 Eclipse 生成的报告

6.2.2　JaCoCo 在 Maven 中的应用

1）配置 pom.xml 文件，在<build><plugins>…</plugins></build>之间添加：

```
<plugin>
    <groupId>org.jacoco</groupId>
    <artifactId>jacoco-maven-plugin</artifactId>
    <version>0.6.3.201306030806</version>
```

```
<executions>
  <!-- pre-unit-test execution helps setting up some maven property,
     which will be used later by JaCoCo -->
    <execution>
      <id>pre-unit-test</id>
      <goals>
        <goal>prepare-agent</goal>
      </goals>
     <configuration>
       <destFile> target/coverage-reports/jacoco.exec</destFile>
       <!-- passing property which will contains settings for JaCoCo agent.
         If not specified, then "argLine" would be used for "jar" packaging -->
       <propertyName>surefireArgLine</propertyName>
       </configuration>
     </execution>
     <!-- report phase setup -->
      <execution>
       <id>post-unit-test</id>
       <phase>test</phase>
       <goals>
         <goal>report</goal>
       </goals>
       <configuration>
          <!-- output file with report data. -->
          <dataFile> target/coverage-reports/jacoco-ut.exec</dataFile>
          <!-- output directory for the reports. -->
          <outputDirectory>target/jacoco-ut</outputDirectory>
        </configuration>
       </execution>
    </executions>
</plugin>
```

2）查看报告。运行"mvn clean test"后，通过浏览器在 target\jacoco-report 中打开 index.html，如图 6-16 所示。

Element	Missed Instructions	Cov.	Missed Branches	Cov.	Missed	Cxty	Missed	Lines	Missed	Methods	Missed	Classes
⊞ AllureJUnit5.com.jerry		71%		87%	3	15	6	25	2	11	0	2
Total	20 of 70	71%	1 of 8	87%	3	15	6	25	2	11	0	2

图 6-16　JaCoCo 通过 Maven 生成的报告

6.2.3　JaCoCo 在 Jenkins 中的应用

1）按照 6.2.2 节的内容配置 pom.xml 文件。

2）在 Jenkins 中安装 JaCoCo 插件，如图 6-17 所示。

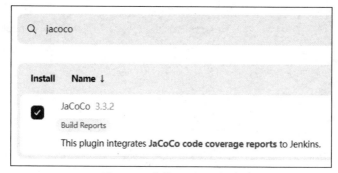

图 6-17　安装 JaCoCo 插件

3）创建 Pipeline 脚本：

```
pipeline {
   agent any

   tools{
      maven 'mvn-3.8.6'
   }

   stages{
      stage('jacoco'){
         steps{
            bat "mvn clean install"
            jacoco()
         }
      }
   }
}
```

4）运行，测试结果如图 6-18 所示。

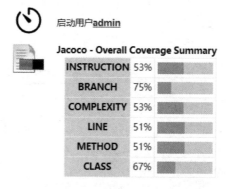

图 6-18　Jenkins JaCoCo 的概要测试报告

5）单击 Coverage Trend 图标，查看报告的详细信息，如图 6-19 所示。

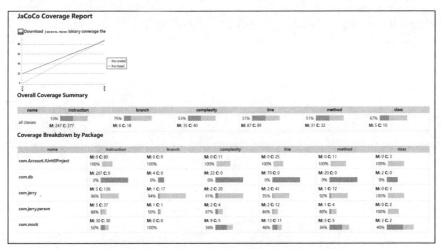

图 6-19　Jenkins JaCoCo 测试报告详细信息

6.3　Python 语言覆盖率工具 Coverage 和 pytest-cov

Python 语言覆盖率工具包括 Coverage 和 pytest-cov，下面进行详细介绍。

6.3.1　Coverage

利用 Coverage 工具可以分析 unittest 框架测试后的代码覆盖率。

1. Coverage 安装

通过 pip3 命令下载 Coverage：

```
C:\Users…\unittest>pip3 install coverage
```

2. Coverage 的使用方法

下载完毕，首先打开命令行编辑窗口，通过 cd 命令进入被测对象所在的目录，然后运行：

```
C:\Users…\unittest>coverage run Calculatortest_by_unittest.py
Test start!
Test end!
.Test start!
Test end!
.Test start!
除数不能为零
Test end!
.Test start!
Test end!
.Test start!
Test end!
.
----------------------------------------------------------------------
Ran 5 tests in 0.004s
```

其中，Calculatortest.py 为被测程序文件。其被执行完毕后，运行如下命令就可以看到测试覆盖报告了。

```
C:\Users…\unittest>coverage report -m
Name                                   Stmts   Miss  Cover   Missing
------------------------------------------------------------------------
Calculator.py                            20       0   100%
Calculatortest_by_unittest.py            34       0   100%
------------------------------------------------------------------------
TOTAL                                    54       0   100%
```

在这里仅需考虑 Calculator.py，语句总共 20 行，没有覆盖到的语句为 0 行，测试覆盖率为 100%。

3. Coverage 的测试报告

运行如下命令：

```
C:\Users…\unittest>coverage html -d my_coverage_result
Wrote HTML report to my_coverage_result\index.html
```

通过浏览器打开".\my_coverage_result\index.html"，查看 HTML 格式的测试覆盖率报告，如图 6-20 和图 6-21 所示。

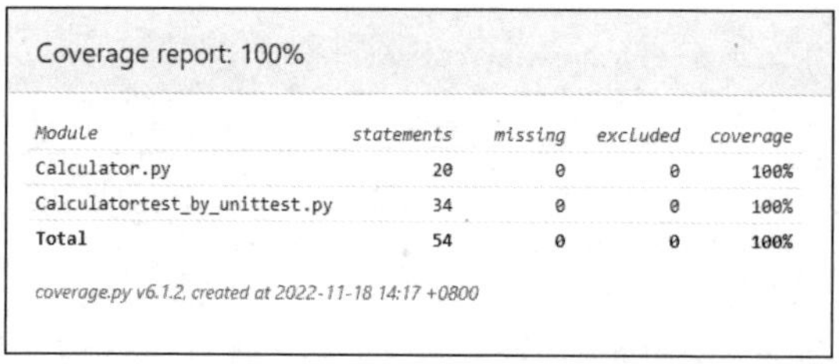

图 6-20　Coverage 测试整体报告

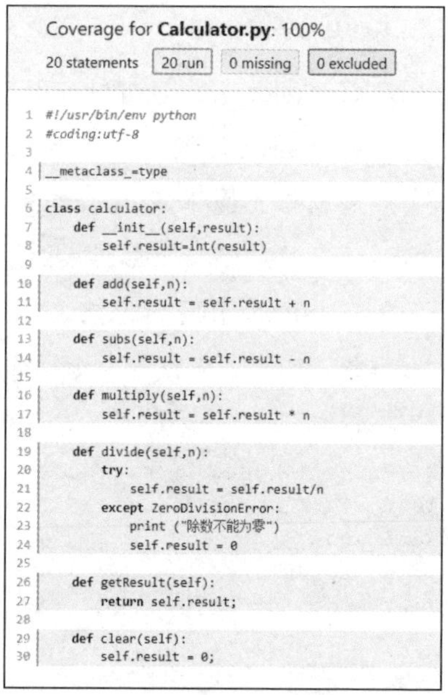

图 6-21　Coverage 具体某个.py 文件
测试详细报告

在图 6-21 中，

statements：代码总行数，不包含空行和注释行。

missing：未执行的代码行数。

coverage：代码覆盖率。

6.3.2　pytest-cov

1. pytest-cov 的安装

要获得 Pytest 测试用例的覆盖率，就需要在 Coverage 的基础上安装 pytest-cov 工具。通过 pip3 命令下载 pytest-cov：

```
C:\Users…\pytest>pip3 install pytest-cov
```

2. pytest-cov 的使用方法

下载完毕，首先打开命令行窗口，通过 cd 命令进入被测对象所在的目录，然后运行：

```
C:\pytest>pytest --cov=./
====================test session starts ====================
platform win32 -- Python 3.8.0, pytest-7.2.0, pluggy-0.13.1
rootdir:C:\Pytest
plugins:allure-pytest-2.9.45, apiritif-0.9.3, cov-4.0.0, forked-1.3.0,
xdist-2.4.0
collected 11 items

Test_Calculatortest.py ....                             [ 36%]
Allure\Test_Calculator.py .                             [ 45%]
Parms\Test_Parms_By_Mark_Usefixtures.py ..              [ 63%]
Parms\Test_Parms_By_Pytest_Fixture.py ..                [ 81%]
Parms\Test_Parms_By_Pytest_XLSX.py ..                   [100%]

====================warnings summary====================
-- Docs:https://docs.pytest.org/en/stable/how-to/capture-warnings.html

----------- coverage:platform win32, python 3.8.0-final-0 -----------
Name                                       Stmts   Miss   Cover
--------------------------------------------------------------------
Allure\Test_Calculator.py                     50      1     98%
Calculator.py                                 20      3     85%
Parms\Test_Parms_By_Mark_Usefixtures.py       15      1     93%
Parms\Test_Parms_By_Pytest_Fixture.py         14      1     93%
Parms\Test_Parms_By_Pytest_XLSX.py            13      1     92%
Test_Calculatortest.py                        28      2     93%
Util.py                                       48     18     62%
--------------------------------------------------------------------
TOTAL                                        188     27     86%

==================== 11 passed, 4 warnings in 0.44s ====================
```

3. pytest-cov 报告

运行如下命令：

```
C:\pytest>pytest --cov=./ --cov-report=html
…
-- Docs:https://docs.pytest.org/en/stable/how-to/capture-warnings.html
```

```
----------- coverage:platform win32, python 3.8.0-final-0 -----------
Coverage HTML written to dir htmlcov
```

通过浏览器打开“.\my_coverage_result\index.html”文件，查看 HTML 格式的测试覆盖率报告，如图 6-22 和图 6-23 所示。

Coverage report: 86%

Module	statements	missing	excluded	coverage
Allure\Test_Calculator.py	50	1	0	98%
Calculator.py	20	3	0	85%
Parms\Test_Parms_By_Mark_Usefixtures.py	15	1	0	93%
Parms\Test_Parms_By_Pytest_Fixture.py	14	1	0	93%
Parms\Test_Parms_By_Pytest_XLSX.py	13	1	0	92%
Test_Calculatortest.py	28	2	0	93%
Util.py	48	18	0	62%
Total	**188**	**27**	**0**	**86%**

coverage.py v6.1.2, created at 2022-11-18 15:12 +0800

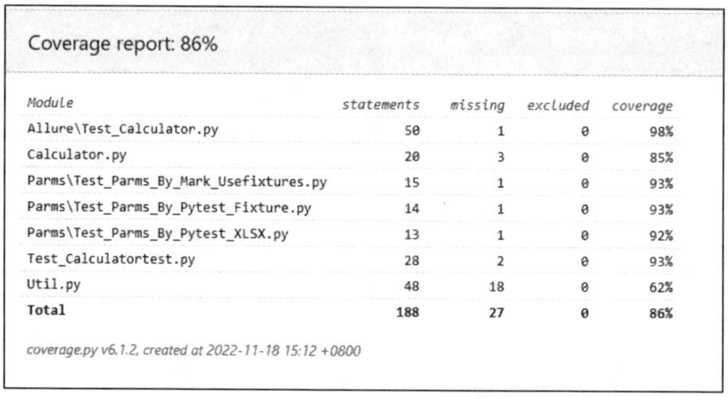

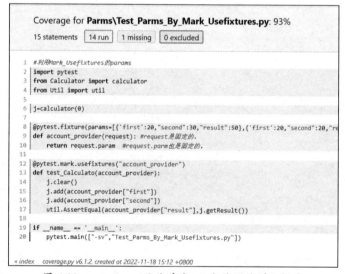

图 6-22 pytest-cov 测试整体报告

Coverage for **Parms\Test_Parms_By_Mark_Usefixtures.py**: 93%

15 statements 14 run 1 missing 0 excluded

```
#利用Mark_Usefixtures的params
import pytest
from Calculator import calculator
from Util import util

j=calculator(0)

@pytest.fixture(params=[{'first':20,"second":30,"result":50},{'first':20,"second":20,"re
def account_provider(request): #request是固定的.
    return request.param  #request.parm也是固定的.

@pytest.mark.usefixtures("account_provider")
def test_Calculato(account_provider):
    j.clear()
    j.add(account_provider["first"])
    j.add(account_provider["second"])
    util.AssertEqual(account_provider["result"],j.getResult())

if __name__ == '__main__':
    pytest.main(["-sv","Test_Parms_By_Mark_Usefixtures.py"])
```

« index coverage.py v6.1.2, created at 2022-11-18 15:12 +0800

图 6-23 pytest-cov 具体某个.py 文件测试详细报告

6.3.3 Python 语言覆盖率工具在 Jenkins 中的应用

1）安装“ShiningPanda Jenkins”插件。

2）在 Jenkins 中创建“Freestyle project”，如图 6-24 所示。

3）在“Build Steps”中选择“Execute Windows batch command”。

4）如果测试用例是用 unittest 编写的，则输入：

```
coverage run test_calculator.py
coverage html -d htmlcov
```

```
exit0
```

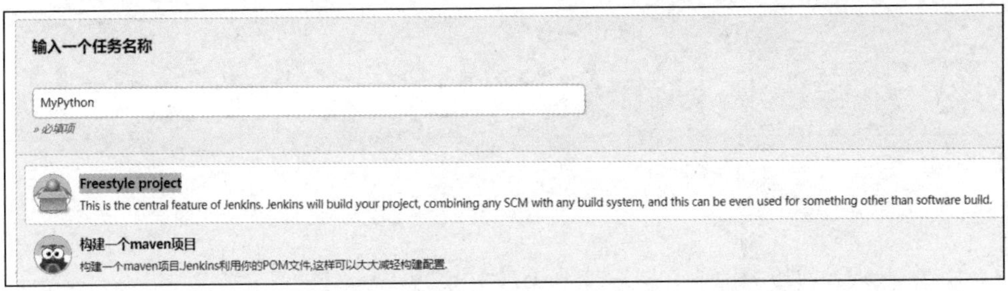

图 6-24　创建 "Freestyle project"

5）如果测试用例是用 Pytest 编写的，则输入：

```
pytest --cov=./ --cov-report=html
exit0
```

6）在 "构建后操作" 中选择 "Publish coverage.py HTML reports"。

7）单击【高级】按钮。在 "Report directory" 中输入：htmlcov。

8）运行任务。

9）单击 Coverage.py Report 图标查看 coverage.py HTML 报告，如图 6-25 所示。

Coverage report: 70%

Module	statements	missing	excluded	coverage
Calculator.py	20	3	0	85%
Test_Calculator.py	46	1	0	98%
Util.py	48	30	0	38%
Total	**114**	**34**	**0**	**70%**

coverage.py v6.1.2, created at 2022-12-09 13:04 +0800

图 6-25　coverage.py HTML 报告

6.4　习题

1. 用 lcov 和 gcov 分析第 3.6 节的测试代码。

2. 用 JaCooCo 分析第 4.10 节第 3 题创建的测试代码。

3. 用 JaCooCo 分析第 4.10 节第 4 题的测试代码。

4. 用 Coverage 分析第 5.5 节第 3 题的测试代码。

5. 用 pytest-cov 分析第 5.5 节第 3 题的测试代码。

第7章　代码语法规范检查工具

7.1　Java 语言静态分析工具 PMD

　　PMD 是一款采用 BSD 协议[①]发布的 Java 程序代码检查工具，用于检查 Java 代码中是否含有未使用的变量、空的抓取块、不必要的对象等。该软件功能强大，扫描效率高，是 Java 程序员调试代码的好帮手。Eclipse 的 PMD 插件自带许多规则（并不是所有规则都是合理的，有些规则报告的错误可以无视），自己也可以制定规则并导入。目前，直接在 Eclipse 中在线安装 PMD 存在问题，故选择离线安装。

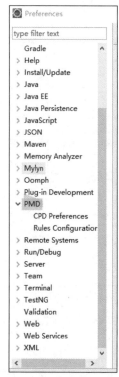

图 7-1　在 Eclipse 中安装 PMD

7.1.1　PMD 在 Eclipse 中的配置

1. PMD 安装

　　1）将本书配套文件"Java\pmd\features"目录下的文件复制到 Eclipse 的 features 目录下；将"Java\pmd\plugins"目录下的文件复制到 Eclipse 的 plugins 目录下。

　　2）重新启动 Eclipse。

　　3）打开菜单"Window→Preferences"，即可看到已添加的 PMD，如图 7-1 所示。

2. PMD 配置

　　1）打开菜单"Window→Preferences"下的 PMD，其中"Rules Configuration"可以配置 PMD 的检查规则，自定义检查规则也可以在此通过引入的方式导入 PMD 中，如图 7-2 所示。

　　2）对于不需要的规则，可以通过选中该规则，单击【Remove Rule】按钮删除；也可以通过单击【Import rule set...】按钮导入新规则，通过单击【Export rule set...】按钮导出规则；还可以通过单击【Rule Designer】按钮编辑规则。

---

① BSD 许可证最初被用在加州大学伯克利分校发表的 4.4BSD/4.4BSD-Lite（BSD 是 Berkeley Software Distribution 的简写）各个版本上，后来逐渐被沿用下来。1979 年，加州大学伯克利分校发布了 BSD Unix，被称为开放源代码的先驱，BSD 许可证就是随着 BSD Unix 的发展而发展起来的，现在已被 Apache 和 BSD 操作系统等开源软件所采纳。

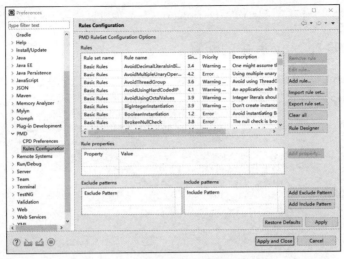

图 7-2　配置 PMD 语法规则

3. PMD 应用

1）右击要检查的代码，选择菜单"PMD→Check Code With PMD"，如图 7-3
所示。

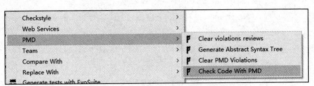

图 7-3　应用 PMD 检测代码

2）检查结果如图 7-4 所示，黄色（第 1、5、8、11、14、19、22 行）部分表示
警告错误，红色（第 18 行）部分表示严重错误，单击图标会显示详细内容。

图 7-4　PMD 检查代码结果

3）单击图 7-3 中的"Clear PMD Violations"选项可以清除 PMD 检查结果。

7.1.2　PMD 在 Maven 中的配置

在 Maven 中，PMD 有两种配置方式。

1. 简单配置

1）配置 pom.xml 文件，在\<build\>\<plugins\>…\</plugins\>\</build\>之间加入：

```
<plugin>
        <groupId>org.apache.maven.plugins</groupId>
      <artifactId>maven-pmd-plugin</artifactId>
      <version> 3.8 </version>
</plugin>
```

2）在 pom.xml 所在目录处打开命令行，输入"mvn pmd:pmd"。

3）在.\target 目录下生成 pmd.xml：

```
<?xml version="1.0" encoding="UTF-8"?>
<pmd xmlns="http://pmd.sourceforge.net/report/2.0.0"
   xmlns:xsi="http://www.w3.org/2001/XMLSchema-instance"
   xsi:schemaLocation="http://pmd.sourceforge.net/report/2.0.0
http://pmd.sourceforge.net/report_2_0_0.xsd"
   version="6.13.0" timestamp="2022-11-18T11:23:15.683">
<file
name="C:\myjava\JUnit\PMDJUnit5\src\main\java\PMDJUnit5\com\jerry\process.j
ava">
<violation beginline="5" endline="5" begincolumn="21" endcolumn="23"
rule="UselessParentheses" ruleset="Code Style" package="PMDJUnit5.com.jerry"
class="process" method="myprocess"
externalInfoUrl="https://pmd.github.io/pmd-6.13.0/pmd_rules_java_codestyle.
html#uselessparentheses" priority="4">
Useless parentheses.
</violation>
<violation beginline="5" endline="5" begincolumn="28" endcolumn="31"
rule="UselessParentheses" ruleset="Code Style" package="PMDJUnit5.com.jerry"
class="process" method="myprocess"
externalInfoUrl="https://pmd.github.io/pmd-6.13.0/pmd_rules_java_codestyle.
html#uselessparentheses" priority="4">
Useless parentheses.
</violation>
<violation beginline="7" endline="7" begincolumn="21" endcolumn="24"
rule="UselessParentheses" ruleset="Code Style" package="PMDJUnit5.com.jerry"
class="process" method="myprocess"
externalInfoUrl="https://pmd.github.io/pmd-6.13.0/pmd_rules_java_codestyle.
html#uselessparentheses" priority="4">
Useless parentheses.
</violation>
```

```
<violation beginline="7" endline="7" begincolumn="29" endcolumn="31"
rule="UselessParentheses" ruleset="Code Style" package="PMDJUnit5.com.jerry"
class="process" method="myprocess"
externalInfoUrl="https://pmd.github.io/pmd-6.13.0/pmd_rules_java_codestyle.
html#uselessparentheses" priority="4">
Useless parentheses.
</violation>
</file>
</pmd>
```

这个报告不是图形化的报告，比如：

```
<violation beginline="7" endline="7" begincolumn="21" endcolumn="24"
rule="UselessParentheses" ruleset="Code Style" package="PMDJUnit5.com.jerry"
class="process" method="myprocess" externalInfoUrl="https://pmd.github.io/
pmd-6.13.0/pmd_rules_java_codestyle.html#uselessparentheses" priority="4">
```

阅读这份报告，可知在代码 PMDJUnit5.com.jerry. process.java 第 7 行第 21～24 列
存在 Useless parentheses（即无效的括弧），这在 https://pmd.github.io/pmd-6.13.0/pmd_
rules_java_codestyle.html#uselessparentheses 中做了解释，严重级别属于第 4 级。

2. 图形化报告配置

1）配置 pom.xml 文件

添加如下内容：

```
<reporting>
      <plugins>
        <plugin>
          <groupId>org.apache.maven.plugins</groupId>
        <artifactId>maven-pmd-plugin</artifactId>
        <version> 3.8 </version>
      </plugin>
    </plugins>
</reporting>
```

修改 maven-site- plugin 的版本号为 3.7.1：

```
<plugin>
    <groupId>org.apache.maven.plugins</groupId>
    <artifactId>maven-site-plugin</artifactId>
    <version>3.7.1</version>
</plugin>
```

在<plugin>...</plugin>之间添加：

```
<plugin>
    <groupId>org.apache.maven.plugins</groupId>
    <artifactId>maven-project-info-reports-plugin</artifactId>
    <version>3.0.0</version>
</plugin>
```

2）运行 PMD

在 pom.xml 处打开命令行并输入"mvn compile site",结果如下:

```
C:\myjava\JUnit\PMDJUnit5>mvn compile site
[INFO] Scanning for projects...
[INFO]
[INFO] ----------------------<
PMDJUnit5:com.jerry >------------------------
[INFO] Building com.jerry 0.0.1-SNAPSHOT
[INFO]
-----------------------------[ jar ]----------------------------------
…
[INFO] Generating "Plugins" report       ---
maven-project-info-reports-plugin:3.0.0:plugins
[INFO] Generating "Summary" report       ---
maven-project-info-reports-plugin:3.0.0:summary
[INFO]
-----------------------------------------------------------------------
[INFO] BUILD SUCCESS
[INFO]
-----------------------------------------------------------------------
[INFO] Total time:10.149 s
[INFO] Finished at:2022-11-18T11:21:26+08:00
[INFO]
-----------------------------------------------------------------------
```

3）查看测试报告

通过浏览器打开".\target\site\index.html",如图 7-5 所示。

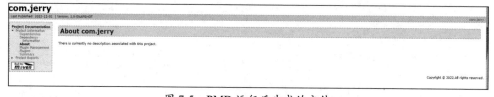

图 7-5　PMD 运行后生成的文件

7.1.3　PMD 在 Jenkins 中的配置

1. 简单配置

1）在 Jenkins 中安装 Violations 插件。

2）按照第 7.1.2 节中"简单配置"的内容配置 pom.xml 文件。

3）在 Jenkins 中创建"Freestyle project"。

4）在"Build Steps"中选择"Execute Windows batch command"。

5）输入命令：

```
mvn pmd:pmd
```

6）在"构建后操作"中选择"Report Violations"。

这时会出现多行数据，每行分别有四列：

- 第一列是"太阳"图标，是生成晴朗天气报告的此类违规次数最少的图标。例如，如果值为 10，表示违规数目从 0 到 10，生成晴天报告；11 或更高则生成其他的图标。
- 第二列是"暴风雨"图标，是生成暴风雨天气报告的此类违规次数最少的图标。
- 第三列是"不稳定"图标，是导致构建不稳定类的违规数量。
- 第四列是 XML 文件名模式，这是一种 Ant 类型模式，用于匹配工作区中这种类型的冲突文件。多个模式之间用逗号分隔。

7）在"Source encoding"中选择"UTF-8"。

8）在 PMD 行中按照图 7-6 所示输入，开始构建。

图 7-6　设置 PMD

9）构建完毕，单击 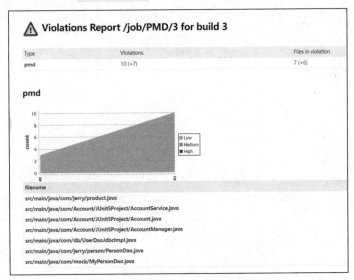 图标，如图 7-7 所示。

图 7-7　PMD 简单配置概要报告信息

10）单击图 7-7 中的某个文件，查看详细信息，如图 7-8 所示（由于 PMD 软件自身的缺陷，这里中文显示了乱码）。

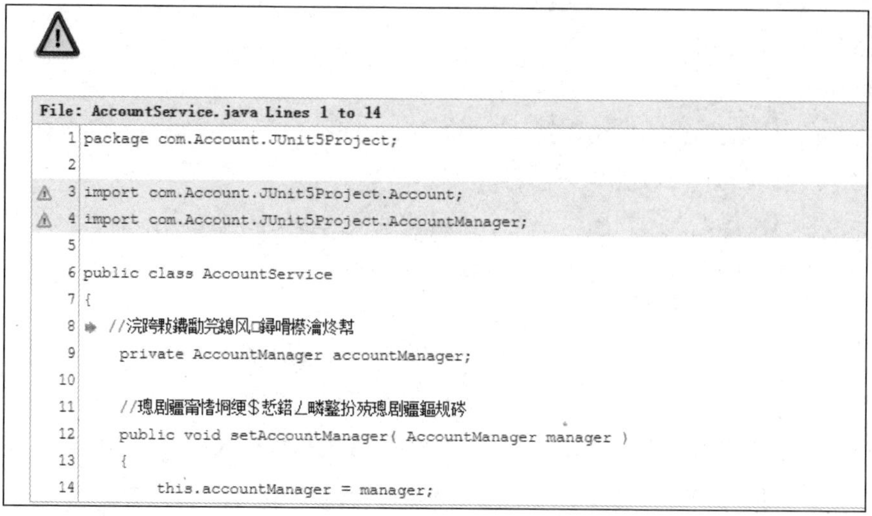

```
File: AccountService.java Lines 1 to 14
    1  package com.Account.JUnit5Project;
    2
 ⚠ 3  import com.Account.JUnit5Project.Account;
 ⚠ 4  import com.Account.JUnit5Project.AccountManager;
    5
    6  public class AccountService
    7  {
    8      //浣跨敤鐪勬媺鑷璁板尯绉嶅瘑鐮熷鐑
    9      private AccountManager accountManager;
   10
   11      //璁惧疆甯愭埛绠$悊锛孫瞜瑙嶅釜璁惧疆鐜嬩埂瑙嗗涓
   12      public void setAccountManager( AccountManager manager )
   13      {
   14          this.accountManager = manager;
```

图 7-8　PMD 简单配置详细报告信息

2. 图形化报告配置

1）按照第 7.1.2 节"图形化报告配置"中的内容配置 pom.xml 文件。

2）构建 Pipeline 脚本：

```
pipeline {
    agent any

    tools{
        maven 'mvn-3.8.6'
    }
    stages{
        stage('pmd'){
            steps {
                bat "mvn compile site"
            }
        }
    }
}
post{
    always{
     script{
            publishHTML (target:[
                allowMissing:false,
                alwaysLinkToLastBuild:true,
                keepAll:true,
                reportDir:'target/site/',
                reportFiles:'index.html',
                reportName:'Pmd Reports',
                reportTitles:'Pmd Report'])
        }
     }
    }
}
```

3）运行，单击 图标获得测试报告（建议用 Firefox 查看），如图 7-9 所示。

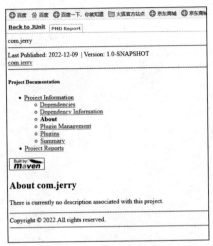

图 7-9　Jenkins PMD 图形化报告配置测试报告

7.2　Python 语言静态分析工具 flake8 和 pylint

Python 语言静态分析工具常用的有 flake8 和 pylint 两种。flake8 是将 PEP8（检查代码风格）、pyflakes（检查代码错误）、mccabe（检查代码复杂度）及其他第三方插件整合到一起，检查 Python 代码风格和质量的一种 Python 工具。flake8 和 pylint 都是 Python 的 Linter 工具，二者都归于 Python 代码质量规范组织（Python Code Quality Authority，PyCQA）。pylint 比 flake8 更严格，问题描述也更精准，速度较后者慢一些。

7.2.1　flake8

PEP 8 是 Python 代码风格规范，规定了行长度、缩进、多行表达式、变量命名约定等内容。尽管研发团队自身有不同于 PEP 8 的代码风格规范，但任何代码风格规范的目标都是在代码库中强制实施一致的标准，使代码的可读性更强、更易于维护。

1. flake8 的安装

```
C:\Users…\python>pip3 install flake8
```

2. flake8 的应用

运行以下命令应用 flake8：

```
C:\Users…\python> flake8 Calculator.py
Calculator.py:2:1:E265 block comment should start with'#'
```

```
Calculator.py:4:13:E225 missing whitespace around operator
Calculator.py:6:1:E302 expected 2 blank lines, found 1
Calculator.py:7:22:E231 missing whitespace after ','
Calculator.py:8:20:E225 missing whitespace around operator
Calculator.py:10:17:E231 missing whitespace after ','
Calculator.py:13:18:E231 missing whitespace after ','
Calculator.py:15:1:W293 blank line contains whitespace
Calculator.py:16:22:E231 missing whitespace after ','
Calculator.py:18:1:W293 blank line contains whitespace
Calculator.py:19:20:E231 missing whitespace after ','
Calculator.py:23:18:E211 whitespace before '('
Calculator.py:27:27:E703 statement ends with a semicolon
Calculator.py:30:24:E703 statement ends with a semicolon
```

7.2.2　pylint

1. pylint 的安装

```
C:\Users…\python>pip3 install pylint
```

2. pylint 的应用

我们可以通过"pylint -h"命令查看应用方法，通过"pylint *.py"命令检查*.py
文件：

```
C:\Users…\python> pylint Calculator.py
************* Module Calculator
Calculator.py:15:0:C0303:Trailing whitespace (trailing-whitespace)
Calculator.py:18:0:C0303:Trailing whitespace (trailing-whitespace)
Calculator.py:27:0:W0301:Unnecessary semicolon (unnecessary-semicolon)
Calculator.py:30:0:W0301:Unnecessary semicolon (unnecessary-semicolon)
Calculator.py:1:0:C0114:Missing module docstring (missing-module-docstring)
Calculator.py:1:0:C0103:Module name "Calculator" doesn't conform to snake_case
naming style (invalid-name)
Calculator.py:4:0:C0103:Class name "__metaclass_" doesn't conform to
PascalCase naming style (invalid-name)
Calculator.py:6:0:C0115:Missing class docstring (missing-class-docstring)
Calculator.py:6:0:C0103:Class name "calculator" doesn't conform to PascalCase
naming style (invalid-name)
Calculator.py:10:4:C0116:Missing function or method docstring
(missing-function-docstring)
Calculator.py:10:17:C0103:Argument name "n" doesn't conform to snake_case
naming style (invalid-name)
Calculator.py:13:4:C0116:Missing function or method docstring
(missing-function-docstring)
Calculator.py:13:18:C0103:Argument name "n" doesn't conform to snake_case
naming style (invalid-name)
Calculator.py:16:4:C0116:Missing function or method docstring
(missing-function-docstring)
Calculator.py:16:22:C0103:Argument name "n" doesn't conform to snake_case
naming style (invalid-name)
```

```
Calculator.py:19:4:C0116:Missing function or method docstring
(missing-function-docstring)
Calculator.py:19:20:C0103:Argument name "n" doesn't conform to snake_case
naming style (invalid-name)
Calculator.py:26:4:C0116:Missing function or method docstring
(missing-function-docstring)
Calculator.py:26:4:C0103:Method name "getResult" doesn't conform to snake_case
naming style (invalid-name)
Calculator.py:29:4:C0116:Missing function or method docstring
(missing-function-docstring)

-----------------------------------
Your code has been rated at 0.00/10
```

这里错误类型包括如下几种。

（C）约定：用于违反编程标准的代码。

（R）重构：针对糟糕的代码进行重构。

（W）警告：针对 Python 语言自身的特定问题进行警告。

（E）错误：用于代码中可能的错误。

（F）致命：发生错误，导致 pylint 无法进一步处理缺陷。

7.2.3 flake8 和 pylint 在 Jenkins 中的应用

1）在 Jenkins 中安装 Violations 插件。

2）在 Jenkins 中构建 Freestyle project。

3）在"Build Steps"中选择"Execute Windows batch command"。

4）输入命令：

```
pylint Calculator.py --output-format=parseable>pylint.xml
exit 0
```

5）在"Source encoding"中选择"UTF-8"。

6）在"构建后操作"中选择"Report Violations"。

7）在 pylint 行中按照图 7-10 所示输入，开始构建。

图 7-10　设置 pylint Jenkins

8）构建完毕，单击 ⚠ Violations 图标，报告信息如图 7-11 所示。

9）单击图 7-11 中的某个文件查看详细信息，如图 7-12 所示。

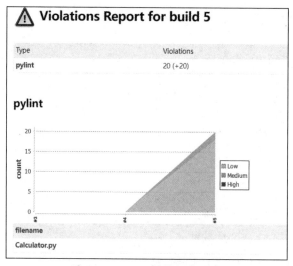

图 7-11　pylint 概要报告信息

```
File: Calculator.py Lines 1 to 30
⚠  1  #!/usr/bin/env python
   2  #coding:utf-8
   3
⚠  4  __metaclass__=type
   5
⚠  6  class calculator:
   7      def __init__(self,result):
   8          self.result=int(result)
   9
⚠ 10      def add(self,n):
  11          self.result = self.result + n
  12
⚠ 13      def subs(self,n):
  14          self.result = self.result - n
⚠ 15
⚠ 16      def multiply(self,n):
  17          self.result = self.result * n
⚠ 18
⚠ 19      def divide(self,n):
  20          try:
  21              self.result = self.result/n
  22          except ZeroDivisionError:
  23              print ("除数不能为零")
  24              self.result = 0
  25
⚠ 26      def getResult(self):
⚠ 27          return self.result;
  28
⚠ 29      def clear(self):
⚠ 30          self.result = 0;
```

图 7-12　pylint 详细报告信息

7.3　多代码语法规范检查平台 SonarQube

SonarQube 是一个开源的代码分析平台，用来持续分析和评测项目源代码的质量。通过 SonarQube 可以检测项目中的重复代码、潜在 Bug、代码规范和安全性漏洞等问题，并能通过 SonarQube Web UI 展示出来。它具有以下特征。

- 通过对代码进行安全扫描和分析，提高代码质量。
- 多维度分析代码，包括代码量、安全隐患、编写规范隐患、重复度、复杂度、代码增量、测试覆盖率等。
- 支持 25 种编程语言的代码扫描和分析，包含 Java、Python、C\C++\C#、JavaScript、Go、PHP 等。
- 涵盖编程语言的静态扫描规则：代码编写规范和安全规范。
- 能够与代码编辑器、CI/CD 平台完美集成。
- 能够与 SCM 集成，在平台上直接显示代码问题的归属人。
- 能够帮助程序员写出更干净、更安全的代码。

本书以 SonarQube V 9.7.1 社区版本进行介绍。

7.3.1　安装 JDK

1. 在 Windows 下安装 JDK 多版本

要想安装 SonarQube 必须先安装 JDK 11，虽然 JDK 8 趋于被淘汰，但是有些 Java 工具目前仅支持 JDK 8，下面介绍如何实现在 Windows 环境下同时支持 JDK 11 与 JDK 8。

1）设置 JDK 8 的变量 JAVA_HOME8 与 JDK11 的变量 JAVA_HOME11，如图 7-13 和图 7-14 所示。

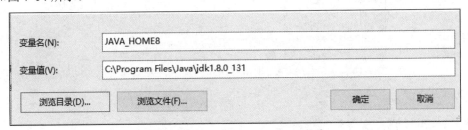

图 7-13　设置 JAVA_HOME8 变量

其中，"C:\Program Files\Java\jdk1.8.0_131" 为 JDK 8 的安装目录。

变量名(N):	JAVA_HOME11
变量值(V):	C:\Program Files\Java\jdk-11.0.5\
浏览目录(D)...	浏览文件(F)...		确定	取消

图 7-14　设置 JAVA_HOME11 变量

其中，"C:\Program Files\Java\jdk-11.0.5\" 为 JDK 11 的安装目录。

2）删除"C:\Program Files (x86)\Common Files\Oracle\Java\javapath"中的三个文件。

3）以管理员身份运行 CMD，进入 JDK 11 的安装目录：

```
cd C:\Program Files\Java\jdk-11.0.5
```

4）通过如下命令手动生成 JRE。

```
C:\Program Files\Java\jdk-11.0.5>bin\jlink.exe --module-path jmods
--add-modules java.desktop --output jre
```

5）设置 JAVA_HOME 变量，如果使用 JDK 8，值为%JAVA_HOME8%；如果使用 JDK 11，值为%JAVA_HOME11%，如图 7-15 所示。

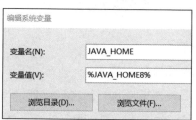

图 7-15　设置 JAVA_HOME 变量

6）将"%JAVA_HOME%\bin\"加入环境变量 Path 中，如图 7-16 所示。

C:\Program Files\Samsung\SamsungLink\AllShare Framewor...	
%JAVA_HOME%\bin	
%PYTHON_HOME%	编辑文本(T)...
%PYTHON_HOME%\Scripts	
%SYSTEMROOT%\System32\OpenSSH\	
%MAVEN_HOME%\bin	

图 7-16　将"%JAVA_HOME%\bin\"加入环境变量 Path 中

2. 在 Linux 下安装 JDK 11

1）下载 JDK 安装包。

2）运行下列命令安装并配置 JDK：

```
root@ubuntu:/home/jerry#tar -zxvf jdk-*
root@ubuntu:/home/jerry#sudo mv jdk* /usr
root@ubuntu:/home/jerry# sudo update-alternatives --install /usr/bin/java java
```

```
/usr/jdk-11.*/bin/java 2
root@ubuntu:/home/jerry#sudo update-alternatives --config java
root@ubuntu:/home/jerry#java -version
```

3）编辑"/etc/profile.d/javajdk.sh"文件：

```
root@ubuntu:/home/jerry#gedit /etc/profile.d/javajdk.sh
```

在文件后面加入：

```
export PATH=$PATH:/usr/jdk-11.0.7/bin
export JAVA_HOME=/usr/jdk-11.0.7
export J2SDKDIR=/usr/jdk-11.0.7
```

4）加载配置文件：

```
root@ubuntu:/home/jerry#source /etc/profile.d/javajdk.sh
```

7.3.2　SonarQube 支持的数据库

SonarQube 支持 PostgreSQL、MS SQL Server 和 Oracle 三种数据库。下面介绍在 Windows 下如何安装 MS SQL Server 和在 Linux 下如何安装 PostgreSQL，从而支持 SonarQube 的运行。

1. 在 Windows 下安装 MS SQL Server

1）安装 SQL Server 2014。

2）启用 SQL Server 混合身份验证方式，如图 7-17 所示。

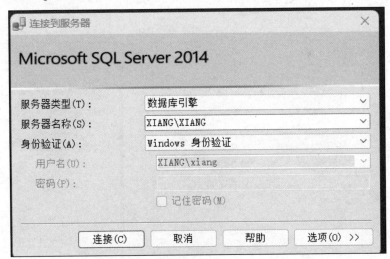

图 7-17　启用 SQL Server 混合身份验证方式

3）登录后定位到"安全性→登录名"，首先选择使用 SQL Server 登录验证方式的用户（如 sa），然后右击"sa"选择"属性"，勾选"强制实施密码策略（F）"前的复选框，如图 7-18 所示。

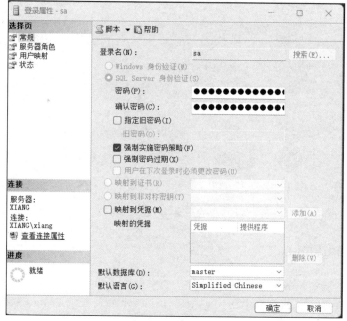

图 7-18　设置登录属性

4）选择状态标签，选择"是否允许连接到数据库引擎"下面的"授予（G）"和"登录"下面的"已启用（E）"，如图 7-19 所示。

5）在树形图中右击 SQL Server 所在的主机，在菜单中选择"属性"，如图 7-20所示。

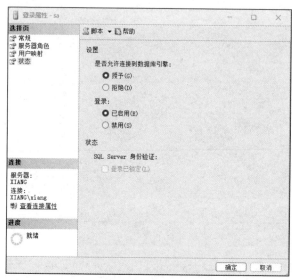

图 7-19　设置状态

图 7-20　右击 SQL Server 所在的
主机，选择"属性"

6）在安全性标签中选择"SQL Server 和 Windows 身份验证模式（S）"，如图 7-21
所示。

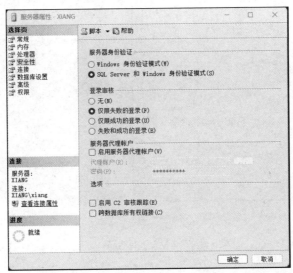

图 7-21　选择"SQL Server 和 Windows 身份验证模式（S）"

7）断开 SQL Server 连接，如图 7-22 所示。

8）通过用户 sa 登录 SQL Server，如图 7-23 所示。

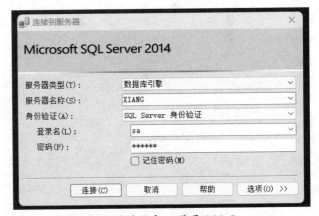

图 7-22　断开 SQL Server 连接　　　图 7-23　通过用户 sa 登录 SQL Server

9）在 SQL Server 中新建 Sonar 数据库。

10）配置排序规则为 SQL_Latin1_General_CP1_CS_AS，如图 7-24 所示。

11）从开始菜单中选择"SQL Server 2014 配置管理器"，如图 7-25 所示。

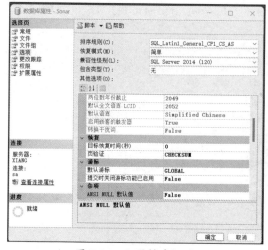

图 7-24 配置排序规则

图 7-25 启动"SQL Server 2014 配置管理"

12）选择"SQL Server 网络配置→MSSQLSERVER 的协议→TCP/IP"，如图 7-26 所示。

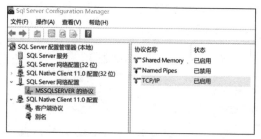

图 7-26 启用 TCP/IP 协议

13）确保有一个 TCP/IP 协议，端口为 1433，如图 7-27 所示。

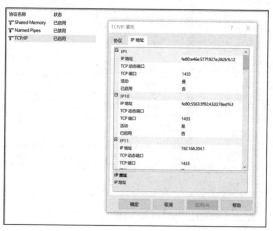

图 7-27 确保有一个 TCP/IP 协议

2. 在 Linux 下安装 PostgreSQL

1）运行下面命令下载并且安装 postgresql：

```
root@ubuntu:/home/jerry#sudo apt-get update
root@ubuntu:/home/jerry#apt-get install postgresql
```

2）编辑"/etc/postgresql/10/main/postgresql.conf"文件：

```
root@ubuntu:/home/jerry#gedit /etc/postgresql/10/main/postgresql.conf
```

将如下内容：

```
#listen_addresses='localhost'
```

修改为：

```
listen_addresses='*'
```

将如下内容：

```
#password_encryption=md5
```

修改为：

```
password_encryption=md5
```

3）编辑"/etc/postgresql/10/main/pg_hba.conf"文件：

```
root@ubuntu:/home/jerry#gedit /etc/postgresql/10/main/pg_hba.conf
```

在 IPv4 下面添加：

```
host      all      all        0.0.0.0/0      md5
```

4）设置新密码后进入数据库：

```
root@ubuntu:/home/jerry#sudo passwd -d postgres        #清除原来的密码
root@ubuntu:/home/jerry#sudo -u postgres passwd        #添加新密码
root@ubuntu:/home/jerry#su postgres                    #进入数据库
postgres@ubuntu:/home/jerry$ psql
```

说明：用\l 显示数据库列表；完成之后用\q 退出数据库操作。

5）配置数据库：

```
sonar=#create database sonar;                   # 创建 sonar 数据库
sonar=#create user sonar;                       # 创建 sonar 用户
sonar=#alter user sonar with password '123456'; # 设置 sonar 用户密码
sonar=#alter role sonar createdb;               # 给 sonar 授权
sonar=#alter role sonar superuser;              # 给 sonar 授权
sonar=#alter role sonar createrole;             # 给 sonar 授权
sonar=#alter database sonar owner to sonar;     # 更改 sonar 数据库的拥有者（这是必
                                                  需的，否则会导致 SonarQube 连接失败）
```

7.3.3 SonarQube

1. 在 Windows 下安装 SonarQube

1）将"%SONAQUBE_HONE%\conf\sonar.properties"文件中的相应部分更改：

```
sonar.jdbc.url=jdbc:sqlserver://localhost;databaseName=sonar
sonar.jdbc.username=sa
sonar.jdbc.password=123456
sonar.login=admin
sonar.password=admin
```

其中，sonar.jdbc.username=sa 与 sonar.jdbc.password=123456 分别为 SQL Server 的登录名和密码。

2）在命令行中输入：

```
C:\>%SONAQUBE_HONE%\bin\windows-x86-64\StartSonar.bat
```

3）通过浏览器打开"http://192.168.0.123:9000"（192.168.0.123 为 SonarQube 所在的主机 IP 地址），用 admin/admin 登录，如图 7-28 所示。注意：登录后需要修改密码。

图 7-28　登录 SonarQube

2. 在 Linux 下安装 SonarQube

1）编辑"/etc/sysctl.conf"文件，配置如下参数：

```
root@ubuntu:/home/jerry#gedit /etc/sysctl.conf
```

将 vm.max_map_count 设置为 26144，fs.file-max 设置为 65536：

```
vm.max_map_count=262144
fs.file-max=65536
```

2）将 SonarQube 文件复制到/opt/下，创建 sonar 用户：

```
root@ubuntu:/opt#sysctl -p
root@ubuntu:/opt#useradd sonar
root@ubuntu:/opt#passwd sonar
Enter new UNIX password:        //输入 sonar 用户的密码
Retype new UNIX password:       //再次输入 sonar 用户的密码
passwd:password updated successfully
```

```
root@ubuntu:/opt#chown -R sonar:sonar /opt/sonarqube-9.6.1.59531/
```

3）编辑"/%SONARQUBE_HOME%/conf/sonar.properties"文件：

```
sonar.jdbc.url=jdbc:postgresql://localhost:5432/sonar?currentSchema=public
sonar.jdbc.username=sonar
sonar.jdbc.password=123456
```

- jdbc:postgresql://localhost:5432/sonar?currentSchema=public 中的 sonar 为数据库名。
- sonar.jdbc.username=sonar 中的 sonar 为用户名。
- sonar.jdbc.password=123456 中的 123456 为上一步设置的用户名 sonar 的密码。

4）配置/etc/security/limits.conf：

```
root@ubuntu:/home/jerry#gedit /etc/security/limits.conf
ulimit -n 65536
ulimit -u 2048
```

5）用 sonar 用户登录，启动 SonarQube：

```
root@ubuntu:/home/jerry#su sonar
sonar@ubuntu:/home/jerry#ulimit -Hn
sonar@ubuntu:/#/%SONARQUBE_HOME%/bin/linux-x86-64/sonar.sh console
```

注意：在 Linux 中，SonarQube 不可以用 root 用户启动。

6）通过浏览器打开"http://192.168.0.123:9000"（192.168.0.123 为 SonarQube 所在的主机 IP 地址），用 admin/admin 登录，如图 7-28 所示，登录后需要修改密码。

3. SonarQube 的目录结构

SonarQube 的目录结构如表 7-1 所示。

表 7-1　SonarQube 的目录结构

一级目录	二级目录	三级目录	含义
%SONARQUBE_HOME%	\extensions	\plugins	SonarQube 的插件目录
		\jdbc-driver	JDBC 的插件目录
	\bin	\linux-x86-64	Linux 下的启动目录
		\macosx-universal-64	Mac 下的启动目录
		\windows-x86-64	Windows 下的启动目录
	\conf		配置目录
	\logs		日志目录
	\lib		系统库目录
	\web		Web 目录

4. 配置中文版本

首先通过 SonarQube 菜单"配置→应用市场"安装 Chinese Pack（单击"Support SonarQube 9.7"后的"…"），然后将下载的 jar 包放在%SONARQUBE_HOME%\extensions\plugins 目录下，重新启动 SonarQube。

这时，重新登录 SonarQube 后，界面会变为中文，再进入"配置→应用市场"界面，如图 7-29 所示。

图 7-29　Chinese Pack 中文界面

5. SonarQube 菜单介绍

SonarQube 有项目、问题、代码规则、质量配置、质量阈和配置 6 个菜单。

1）项目

"项目"可以通过 Azure DevOps 服务器、Bitbucket 服务器、GitHub、GitLab 和手工创建，如图 7-30 所示。本书仅介绍通过手工创建。

2）问题

"问题"菜单主要分类显示当前项目扫描后发现的问题，如图 7-31 所示。

图 7-30　SonarQube"项目"界面

图 7-31　SonarQube "问题" 界面

3）代码规则

"代码规则" 菜单通过语言或者类型显示代码的规则，如图 7-32 所示。

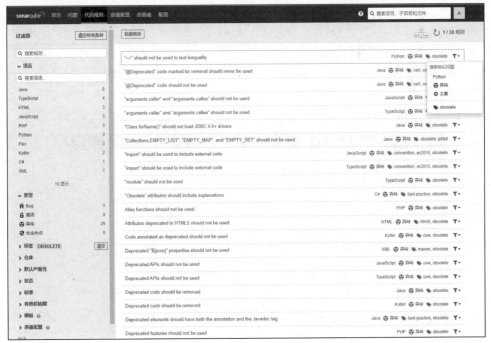

图 7-32　SonarQube "代码规则" 界面

4）质量配置

"质量配置"菜单显示各种语言的配置名称，如图 7-33 所示。Sonar way 为 SonarQube 内置的质量配置，也可以自己建立质量配置，相关内容在第 7.3.5 节会进行介绍。

图 7-33　SonarQube "质量配置"界面

Sonar way 中被废弃的规则不可以被挂起，自己建立的被废弃的规则可以被挂起。

5）质量阈

"质量阈"菜单中的每一组质量阈都配置告警设置，比如覆盖率小于 80.0%，表示测试覆盖率小于 80.0%发起告警，默认的质量阈为 Sonar way，如图 7-34 所示。下面介绍的 Jenkins 就是通过质量阈值来判断代码是否通过的。

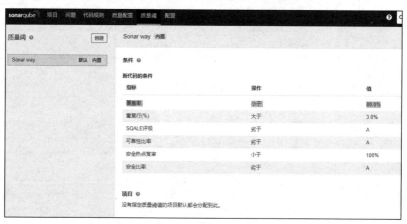

图 7-34　SonarQube "质量阈"界面

6）配置

"配置"菜单中分为配置、权限、项目、系统和应用市场五个子菜单，前三个本书不做介绍，有兴趣的可以参照 SonarQube 官网。

（1）系统

"系统"菜单主要显示是否存在更新及系统的详细信息，如图 7-35 所示。

图 7-35　SonarQube "系统"界面

如果要升级系统，单击【了解更多】按钮，出现图 7-36 所示的界面。

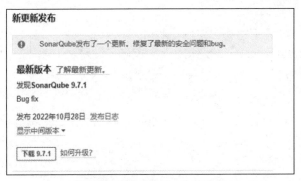

图 7-36　SonarQube 升级界面

其中，单击【下载 X.X.X】可以下载新版本的安装文件，单击"如何升级？"可以了解升级方法。

（2）应用市场

"应用市场"菜单的界面如图 7-37 所示，通过"应用市场"可以安装新插件。

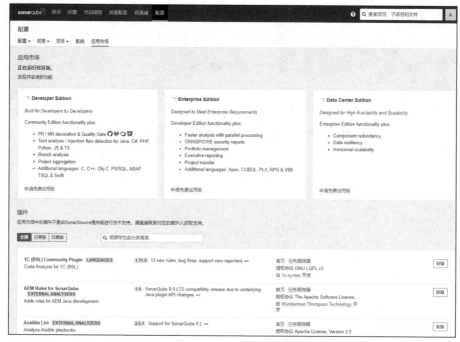

图 7-37　SonarQube "应用市场"界面

7.3.4　安装 sonar-scanner

在使用 SonarQube 时，如果被测代码不是 Java 程序，则需要 sonar-scanner 的帮助。一般而言，SonarQube 安装在 SonarQube 服务器端，sonar-scanner 安装在需要检查代码质量的客户端。

1. 在 Windows 下安装 sonar-scanner

1）下载并解压 sonar.rar 后，构建环境变量 SONARSCANNER_HOME，并且把其加入系统环境变量 Path 中。sonar-scanner V4.7.0 版本支持 node.js V14.17 或以上版本，本书使用 sonar-scanner V4.7.0。

2）编辑 "%SONARSCANNER_HOME%/conf/sonar-scanner.properties" 文件：

```
#----- Default SonarQube server
sonar.host.url=http://192.168.0.123:9000
#----- Default source code encoding
sonar.sourceEncoding=UTF-8
```

其中，http://192.168.0.123:9000 为 SonarQube 的 URL。

3）在工作路径中运行：

```
C:\MyC\process>sonar-scanner.bat -D"sonar.projectKey=process"
-D"sonar.sources=." -D"sonar.host.url=http://192.168.0.123:9000"
-D"sonar.login= sqp_fc4b05de7f85cb261cbb55567bf9f76a68241fe8"
```

2. 在 Linux 下安装 sonar-scanner

1）下载 sonar-scanner-cli-4.3.0.2102-linux.zip 压缩包并解压。

2）编辑 "%SONARSCANNER_HOME%/conf/sonar-scanner.properties" 文件：

```
root@ubuntu:/home/jerry# gedit %SONARSCANNER_HOME%/conf/sonar-scanner.properties
#----- Default SonarQube server
sonar.host.url=http://localhost:9000
#----- Default source code encoding
sonar.sourceEncoding=UTF-8
```

3）进行如下配置：

```
root@ubuntu:/home/jerry#ln -s %SONARSCANNER_HOME% /bin/sonar-scanner
/usr/bin/sonar-scanner
root@ubuntu:/home/jerry/#su sonar
sonar@ubuntu:/home/jerry/$cd MyC
sonar@ubuntu:/home/jerry/MyC$sonar-scanner \
  -Dsonar.projectKey=process \
  -Dsonar.sources=. \
  -Dsonar.host.url=http://192.168.0.123:9000 \
  -Dsonar.login=sqp_fc4b05de7f85cb261cbb55567bf9f76a68241fe8
```

3. 统一配置

如果项目比较稳定，可以将配置写到 "%SONARSCANNER_HOME%/conf/sonar-scanner.properties" 文件中。比如：

```
sonar.host.url=http://192.168.0.114:9000
sonar.sourceEncoding=UTF-8
sonar.projectKey=process
sonar.projectName=process
sonar.projectVersion=1.0
sonar.sources=.
sonar.login=sqp_ed9e58cfd6224c4eb53f8d6bf9c69be15cc6efe2
```

或者在项目中创建 sonar-project.properties：

```
sonar.projectKey= process
sonar.projectName= process
sonar.projectVersion=1.0
sonar.sources=.
sonar.language=c
sonar.host.url=http://192.168.0.114:9000
sonar.sourceEncoding=UTF-8
sonar.login=sqp_ed9e58cfd6224c4eb53f8d6bf9c69be15cc6efe2
```

直接通过下面两种方式扫描代码：

```
root@ubuntu:/home/jerry/MyPython>#sonar-scanner
```

或：

```
C:\ MyPython> sonar-scanner.bat
```

其中，

- sonar.host.url：SonarQube 的 URL。
- sonar.projectKey：项目关键字。
- sonar.projectName：项目名称。
- sonar.sources：扫描资源的路径。
- sonar.language：指定语言。
- sonar.sourceEncoding：编码格式。
- sonar.login：令牌值。

7.3.5 SonarQube 的配置及应用

1. 如何使用 SonarQube 分析 Java 语言代码

下面以 Java 代码为例，介绍如何配置及使用 SonarQube。

1）选择菜单"质量配置"页面中的"创建"选项，并按照图 7-38 所示的信息进行创建。

图 7-38　创建 Java 语言规则

2）创建完毕，显示图 7-39 所示的信息，说明创建成功。单击后面的 ⚙▾ 图标，如图 7-40 所示。

Java, 2 配置	项目 ⊘	规则	更新	使用	
Java语言规则	0	0	6秒钟前	尚未	⚙▾
Sonar way　内置	默认	1　478	13天前	尚未	⚙▾

图 7-39　查看新创建的配置信息

3）先选择"设为默认"，然后选择"激活更多规则"。

4）选择【批量修改】下面的"激活 Java 语言规则"，如图 7-41 所示。

5）如图 7-42 所示，有 10 条规则被废弃。单击"10"进入，将这 10 条规则挂起，如图 7-43 和图 7-44 所示。

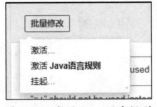

图 7-40　配置 Java 语言规则　　图 7-41　激活 Java 语言规则　　图 7-42　有 10 条规则被废弃

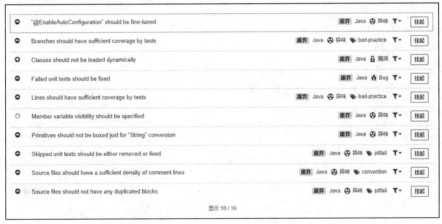

图 7-43　10 条废弃规则被挂起之前

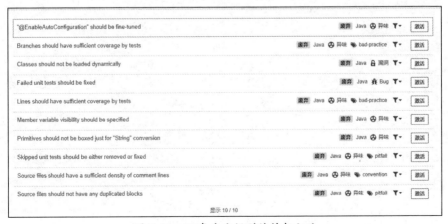

图 7-44　10 条废弃规则被挂起之后

6）单击菜单"项目"，选择"＜＞手工"创建项目，如图 7-45 所示。

7）输入显示名与项目标识，如图 7-46 所示，单击【设置】按钮。

图 7-45 "手工"创建项目　　　　　　　图 7-46 手工设置新项目

8）在接下来的窗口中选择"＜＞手工"，如图 7-47 所示。

9）输入令牌名，选择过期时间，单击【创建】按钮产生令牌，如图 7-48 所示，注意保管好令牌字符串。

10）单击【继续】按钮后选择"Maven"，如图 7-49 所示，获得 SonarQube 在 Windows 上的扫描代码。

图 7-47 选择"手工"分析仓库

图 7-48　创建令牌

图 7-49　获得 SonarQube 在 Windows 上的扫描代码

图 7-48 中的命令如下：

```
mvn clean verify sonar:sonar \
-Dsonar.projectKey=Java \
-Dsonar.host.url=http://192.168.0.123:9000 \
-Dsonar.login= sqp_fc4b05de7f85cb261cbb55567bf9f76a68241fe8
```

- -Dsonar.projectKey=Java：项目名为 Java，是第 7）步设置的。

- -Dsonar.host.url=http://192.168.0.123:9000：SonarQube 的 URL。

- -Dsonar.login=sqp_fc4b05de7f85cb261cbb55567bf9f76a68241fe8：第 9）步产生的令牌。

11）创建完毕后，就可以在项目中看到刚才创建的 Java 项目了，如图 7-50 所示。

图 7-50　创建的 Java 项目

12）在 pom.xml 文件的<build><plugins>…</plugins></build>之间添加：

```
<plugin>
  <groupId>org.sonarsource.scanner.maven</groupId>
  <artifactId>sonar-maven-plugin</artifactId>
  <version>3.5.0.1254</version>
</plugin>
```

13）在 Windows 下运行：

```
mvn clean verify sonar:sonar  -Dsonar.projectKey=Java -Dsonar.host.url=
http://192.168.0.123:9000 -Dsonar.login=
sqp_fc4b05de7f85cb261cbb55567bf9f76a68241fe8
```

14）或者在 Linux 下运行：

```
mvn clean verify sonar:sonar \
-Dsonar.projectKey=Java \
-Dsonar.host.url=http://192.168.0.123:9000 \
-Dsonar.login= sqp_fc4b05de7f85cb261cbb55567bf9f76a68241fe8
```

对 Java 代码进行检测。

15）运行完毕，可以看到图 7-51 所示的分析结果。单击"com.jerry"，可以看到详细的分析报告，如图 7-52 所示。

图 7-51　Java 分析结果

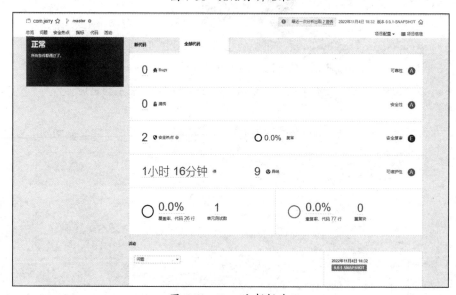

图 7-52　Java 分析报告

注意：图 7-52 中的覆盖率为 0.0%是不准确的，在 SonarQube 中不要考虑覆盖率的信息。

2. 如何使用 SonarQube 分析 Python 语言代码

下面以 Python 代码为例介绍如何配置及使用 SonarQube。

1）选择菜单"质量配置"中的【创建】按钮，按照图 7-53 所示配置信息。

图 7-53　创建 Python 语言规则

2）创建完毕后显示图 7-54 所示的信息，说明创建成功。单击后面的 图标，显示如图 7-55 所示。

Python, 2 配置	项目	规则	更新	使用	
Python语言规则	0	0	28秒钟前	尚未	⚙▾
Sonar way　内置	默认	163	13天前	尚未	⚙▾

图 7-54　查看新创建的配置

3）先选择"设为默认"，然后选择"激活更多规则"。

4）选择【批量修改】下的"激活 Python 语言规则"，如图 7-56 所示。

5）如图 7-57 所示，有 18 条规则被废弃，单击"18"进入，将这 18 条规则挂起。

图 7-55　配置 Python
语言规则

图 7-56　激活 Python
语言规则

图 7-57　有 18 条规则被废弃

6）单击菜单"项目→新增项目→<＞手工"创建新项目，如图 7-58 所示。

图 7-58　创建新项目

7）输入显示名与项目标识，如图 7-59 所示，单击【设置】按钮。

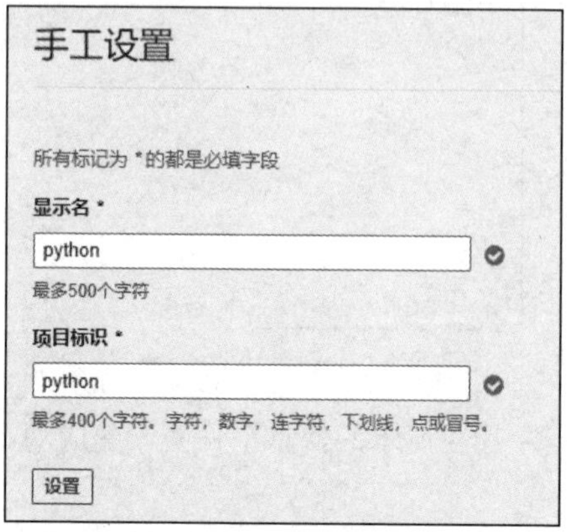

图 7-59　手工设置 Python 项目

8）在接下来的窗口中选择"<＞手工"，如图 7-60 所示。

图 7-60　选择"<＞手工"

9）选择"使用已有令牌"选项，输入上一小节第 9）步生成的令牌"sqp_fc4b05de7f85 cb261cbb55567bf9f76a68241fe8"，如图 7-61 所示。

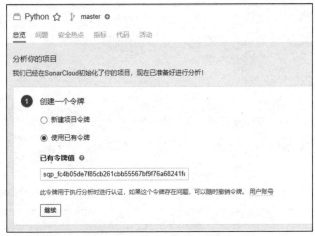

图 7-61　使用已有的令牌

10）单击【继续】按钮，选择"其他（比如 JS，TS，Go，Python，PHP，…）"和"Windows"操作系统，如图 7-62 所示，获得 SonarQube 在 Windows 上的 Python 扫描代码。

图 7-62　获得 SonarQube 在 Windows 上的扫描代码

命令如下：

```
sonar-scanner.bat -D"sonar.projectKey=python" -D"sonar.sources=."
-D"sonar.host.url=http://192.168.0.123:9000"
-D"sonar.login=sqp_ed9e58cfd6224c4eb53f8d6bf9c69be15cc6efe2"
```

- -D"sonar.projectKey= python"：在第 7）步设置的项目名。
- -D"sonar.sources=."：扫描当前目录下的代码。
- -D"sonar.host.url=http://192.168.0.123:9000"：192.168.0.123 为 SonarQube 所在的 URL。
- -D"sonar.login=sqp_ed9e58cfd6224c4eb53f8d6bf9c69be15cc6efe2"：使用的令牌。

11）选择"其他（比如 JS，TS，Go，Python，PHP，…）"和"Linux"操作系统，获得 SonarQube 在 Linux 上的 Python 扫描代码。

```
sonar-scanner \
-Dsonar.projectKey=python \
-Dsonar.sources=. \
-Dsonar.host.url=http://192.168.0.123:9000 \
-Dsonar.login=sqp_ed9e58cfd6224c4eb53f8d6bf9c69be15cc6efe2
```

此代码与在 Windows 下产生的基本相同，不同的是在 Linux 下可以通过"\"将扫描命令分为多行。

12）创建完毕，在项目中就可以看到刚才创建的 python 项目了，如图 7-63 所示。

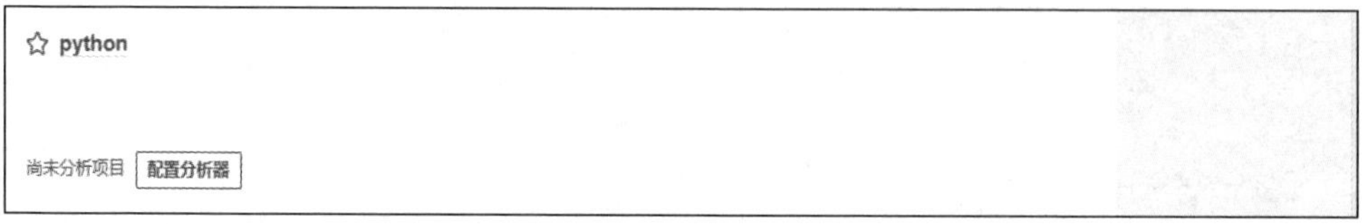

☆ python

尚未分析项目 │配置分析器│

图 7-63　创建的 python 项目

13）进入 Python 代码所在的目录，在 Windows 下运行如下代码：

```
sonar-scanner.bat -D"sonar.projectKey=python" -D"sonar.sources=."
-D"sonar.host.url=http://192.168.0.123:9000"
-D"sonar.login=sqp_ed9e58cfd6224c4eb53f8d6bf9c69be15cc6efe2"
-D"sonar.login=admin" -D"sonar.password=123456"
```

或者在 Linux 下运行如下代码：

```
sonar-scanner.bat -D"sonar.projectKey=python" \
-D"sonar.sources=." \
-D"sonar.host.url=http://192.168.0.123:9000" \
-D"sonar.login=sqp_ed9e58cfd6224c4eb53f8d6bf9c69be15cc6efe2" \
-D"sonar.login=admin" \
-D"sonar.password=123456"
```

对 Python 语言代码进行检测。

注意：一定要有-D"sonar.login=admin"和-D"sonar.password=123456"，其中 123456 为 SonarQube 的登录密码。仅仅在"%SONARQUBE_HOME%\conf\sonar.properties"中配置 sonar.login=admin 和 sonar.password=123456 是没有作用的，这是系统的一个 Bug。

14）运行完毕，可以看到图 7-64 所示的分析结果。

图 7-64　python 分析结果

15）单击"python"，可以看到详细的分析报告，如图 7-65 所示。

图 7-65　python 分析报告

3. 如何使用 SonarQube 分析 C 语言代码

使用 SonarQube 分析 C 语言代码需要 8.x 的版本（比如 sonarqube-8.9.10），因为 SonarQube 的 9.x 版本已经不支持 C 语言的 jar 包。具体配置如下：

1）下载 sonar-c-plugin-1.3.1.1807.jar 并将其复制到%SONARQUBE_HOME%\ extensions\ plugins 下。

2）先按照第 7.3.4 节的方法重新启动 SonarQube，然后选择菜单"配置→应用市场"，确定已经成功安装 C 语言插件，如图 7-66 所示。

图 7-66　C 语言插件被正确安装

3）选择菜单"质量配置"中的【创建】按钮，按照图 7-67 所示配置信息。

图 7-67　创建 C 语言规则

4）创建完毕，显示图 7-68 所示的信息说明创建成功。单击后面的  图标，显示如图 7-69 所示。

5）先选择图 7-69 中的"设为默认"，然后选择"激活更多规则"。

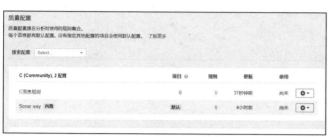

图 7-68　查看 C 语言规则

图 7-69　配置 C 语言规则

6）选择【批量修改】下的"激活 C 语言规则"，如图 7-70 所示。

7）如图 7-71 所示，有 4 条规则被废弃，单击"4"进入，将这 4 条规则挂起。

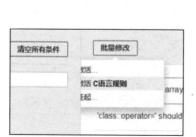

图 7-70　激活 C 语言规则

图 7-71　有 4 条规则被废弃

8）后面的配置与分析 Python 语言代码中的基本一致。

7.3.6　SonarQube 在 Jenkins 中的配置

1）下载安装"SonarQube Scanner"插件。

2）通过菜单"Manage Jenkins→Manage Credentials"，选择"Stores scoped to

Jenkins"下的"System",如图 7-72 所示。单击"Global credentials(unrestricted)"后,再单击 图标添加凭证。

System

域 ↓	描述
Global credentials (unrestricted)	Credentials that should be available irrespective of domain specification to requirements matching.

图标　小　中　大

图 7-72　添加凭证

按照图 7-73 所示的信息设置安全凭证。其中,Secret 为 SonarQube 提供的 token 值。

3)通过菜单"Manage Jenkins→Configure System→SonarQube servers"对 SonarQube servers 进行设置,如图 7-74 所示。

- http://192.168.0.123:9000:SonarQube 的 URL 地址。
- Server authentication token:选择第 2)步设置的安全凭证名称。

图 7-73　设置安全凭证　　　图 7-74　SonarQube servers 设置

4)在 SonarQube 中,通过菜单"配置→配置→网络调用"创建网络调用:http://192.168.0.106:8080/sonarqube-webhook/,其中 192.168.0.106:8080 为 Jenkins 的 URL,如图 7-75 和图 7-76 所示。

图 7-75　准备在 SonarQube 中
创建网络调用

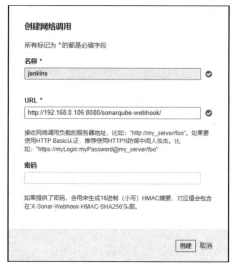

图 7-76　在 SonarQube 中创建
Jenkins 网络调用

5）创建 Pipeline 脚本：

```
pipeline {
    agent any

    tools{
        maven 'mvn-3.8.6'
    }

    stages{
        stage('Code Analysis'){
            steps{
                withSonarQubeEnv('SonarQube'){
                    bat '''
                    mvn clean verify sonar:sonar\
                    -Dsonar.projectKey=Java \
                    -Dsonar.host.url=http://192.168.0.123:9000
                    '''
                }
            }
        }
        stage('Quality Gate'){
            steps{
                script {
                    timeout(time:1,unit:'HOURS'){
                        sleep(5)
                        def qg = waitForQualityGate()
                        if (qg.status != 'OK'){
                            echo "Status:${qg.status}"
                            error "Pipeline aborted due to quality gate failure:${qg.status}"
```

```
                            }
                        }
                    }
                }
            }
        }
    }
}
```

注意："withSonarQubeEnv('SonarQube'){"中的 SonarQube 必须与图 7-74 中创建的 name 值保持一致。

在 Jenkins 中使用 SonarQube 进行扫描，不要使用"-Dsonar.login=admin \"和"-Dsonar.password=123456 \"。

6）如果分析的是 C 语言或者是 Python 语言，则只需要将以下内容：

```
withSonarQubeEnv('SonarQube'){
    bat '''
    mvn clean verify sonar:sonar\
    -Dsonar.projectKey=Java \
    -Dsonar.host.url=http://192.168.0.123:9000
    '''
}
```

改为：

```
withSonarQubeEnv('SonarQube'){
    bat '''
    sonar-scanner \
    -Dsonar.projectKey=C \
    -Dsonar.sources=. \
    -Dsonar.host.url=http://192.168.0.123:9000 \
    -Dsonar.login=admin \
    -Dsonar.password=123456
    '''
}
```

或者：

```
withSonarQubeEnv('SonarQube'){
    bat '''
    sonar-scanner \
    -Dsonar.projectKey=python \
    -Dsonar.sources=. \
    -Dsonar.host.url=http://192.168.0. 123:9000 \
    -Dsonar.login=admin \
    -Dsonar.password=123456
    '''
}
```

分析完毕。单击页面左边的 SonarQube 图标，即可看到 SonarQube 的详细结果。

7.4　习题

1. 用 PMD 分析第 4.10 节第 1 题的产品代码。
2. 用 flake8 分析第 5.5 节第 1 题的产品代码。
3. 用 pylint 分析第 5.5 节第 1 题的产品代码。
4. 用 SonarQube 分析第 3.6 节的测试代码。
5. 用 SonarQube 分析第 4.10 节第 1 题的产品代码。
6. 用 SonarQube 分析第 5.5 节第 1 题的产品代码。

第 8 章　TDD 案例

TDD 首先创建单元测试用例，通过测试用例书写单元测试代码；然后实现被测代码，直到单元测试用例 100%通过测试，编码工作才算结束；最后根据当前情况重构被测代码，重构后的代码在可维护性、可移植性方面更为强大。下面我们通过两个案例详细介绍 TDD。

8.1　斐波那契数列

斐波那契数列（Fibonacci sequence），又被称为黄金分割数列，因数学家莱昂纳多·斐波那契（Leonardo Fibonacci）以兔子繁殖为例而引入，故又被称为"兔子数列"。

8.1.1　初始化

1. 需求

针对 getResult()方法，当输入 0 时，返回 0；当输入非 0 时，返回-1。

2. 设计测试用例

设计测试用例，结果如表 8-1 所示。

表 8-1　初始化测试用例设计

输入	输出
0	0
-1	-1
1	-1

对于非 0 的情形，分别设计一个负数和一个正数。

3. JUnit 测试脚本

先初始化产品代码 App.java：

```java
public class App {
    int getResult(int input){
    return 0;
    }
}
```

然后书写测试代码 AppTest.java：

```java
import org.junit.jupiter.api.Assertions;
```

```
import org.junit.jupiter.api.DisplayName;

import org.junit.jupiter.api.Test;

public class AppTest {
    private static App app = new App();
    @Test
    @DisplayName("测试输入 0，输出 0")
    public void testGive0Get0(){
            Assertions.assertEquals(0, app.getResult(0));
    }

    @Test
    @DisplayName("测试输入-1，输出-1")
    public void testGiveNegative1Get1(){
            Assertions.assertEquals(-1, app.getResult(-1));
    }

    @Test
    @DisplayName("测试输入 1，输出-1")
    public void testGive1Get1(){
            Assertions.assertEquals(-1, app.getResult(1));
    }
}
```

运行测试，结果如图 8-1 所示。

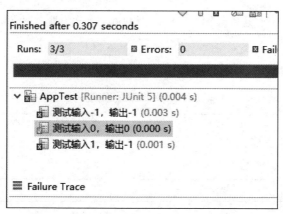

图 8-1　初始化仅完成测试代码后的测试结果

因为被测程序始终返回 0，所以测试用例 testGive0Get0 始终是通过的。

4. 完善产品代码

以下为完善的产品代码：

```
public class App {
    int getResult(int input){
    if(input==0)
            return 0;
```

```
    else
        return -1;
    }
}
```

先运行测试用例，使测试用例运行通过。接下来对代码进行重构和优化，在判断语句中建议把常量放在表达式的左边，变量放在表达式的右边，产品代码变为：

```
public class App {
  int getResult(int input){
  if(0==input)
        return 0;
   else
        return -1;
  }
}
```

运行测试用例，保证测试用例运行通过。上述代码还可以进一步重构：

```
public class App {
    int getResult(int input){
        if(0==input)
          return 0;
      return -1;
    }
}
```

运行测试用例，保证测试用例运行通过。

8.1.2 第一次需求变更

1. 需求

针对 getResult()方法。

- 当输入 0 时，返回 0。
- 当输入 1 时，返回 1。
- 当输入非 0 或非 1 时，返回-1。

2. 设计测试用例

设计测试用例，如表 8-2 所示。

表 8-2 初始化测试用例设计

输入	输出
0	0
1	1
-1	-1
2	-1

其中，将输入 1 返回-1 修改为输入 1 返回 1；添加输入 2 返回-1 的测试用例。

3. JUnit 测试脚本

修改后的测试代码 AppTest.java：

```java
public class AppTest {
    private static App app = new App();

    @Test
    @DisplayName("测试输入 0，输出 0")
    public void testGive0Get0(){
      Assertions.assertEquals(0, app.getResult(0));
    }

    @Test
    @DisplayName("测试输入 1，输出 1")
    public void testGive1Get1(){
      Assertions.assertEquals(1, app.getResult(1));
    }

    @Test
    @DisplayName("测试输入-1，输出-1")
    public void testGiveNegative1GetNegative1(){
      Assertions.assertEquals(-1, app.getResult(-1));
    }

    @Test
    @DisplayName("测试输入 2，输出-1")
    public void testGive2GetNegative1(){
      Assertions.assertEquals(-1, app.getResult(2));
    }
```

运行测试，结果如图 8-2 所示。

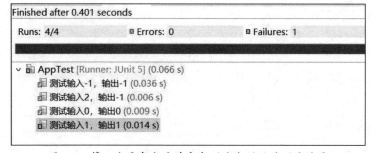

图 8-2　第一次需求变更前完成测试代码后的测试结果

结果显示，输入 1 返回 1 的测试用例没有通过。

4. 完善产品代码

按照新的需求完善产品代码：

```java
public class App {
    int getResult(int input){
      if(0==input)
```

```
        return 0;
      if(1==input)
          return 1;
      return -1;
   }
}
```

运行测试用例，保证测试用例运行通过。将上述代码进行重构：

```
public class App {
   int getResult(int input){
    if((0==input||1==input))
        return input;
    return -1;
   }
}
```

运行测试用例，保证测试用例运行通过。

8.1.3 第二次需求变更

1. 需求

针对 getResult()方法。

- 当输入 0 时，返回 0。
- 当输入 1 时，返回 1。
- 当输入 2 时，返回 1。
- 当输入 3 时，返回 2。
- 当输入非 0 或非 1 或非 2 或非 3 时，返回-1。

2. 设计测试用例

设计测试用例，如表 8-3 所示。

表 8-3 初始化测试用例设计

输入	输出
0	0
-1	-1
1	1
2	1
3	2
4	-1

其中，将输入 2 返回-1 修改为输入 2 返回 1；添加输入 3 返回 2 和输入 4 返回-1 的测试用例。

3. JUnit 测试脚本

修改后的测试代码 AppTest.java：

```
public class AppTest {
    private static App app = new App();

    @Test
    @DisplayName("测试输入 0，输出 0")
    public void testGive0Get0(){
        Assertions.assertEquals(0, app.getResult(0));
    }

    @Test
    @DisplayName("测试输入-1，输出-1")
    public void testGiveNegative1GetNegative1(){
        Assertions.assertEquals(-1, app.getResult(-1));
    }

    @Test
    @DisplayName("测试输入 1，输出 1")
    public void testGive1Get1(){
        Assertions.assertEquals(1, app.getResult(1));
    }

    @Test
    @DisplayName("测试输入 2，输出 1")
    public void testGive2Get1(){
        Assertions.assertEquals(1, app.getResult(2));
    }

    @Test
    @DisplayName("测试输入 3，输出 2")
    public void testGive3Get2(){
        Assertions.assertEquals(2, app.getResult(3));
    }

    @Test
    @DisplayName("测试输入 4，输出-1")
    public void testGive4GetNegative1(){
        Assertions.assertEquals(-1, app.getResult(4));
    }
}
```

运行测试，结果如图 8-3 所示。

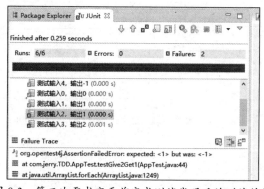

图 8-3　第二次需求变更前完成测试代码后的测试结果

结果显示，输入 2 返回 1 和输入 3 返回 2 的测试用例没有通过。

4. 完善产品代码

按照新的需求完善产品代码：

```
public class App {
    int getResult(int input){
      if((0==input||1==input))
          return input;
      if(2==input)
          return 1;
      if(3==input)
          return 2;
      return -1;
    }
}
```

运行测试用例，保证测试用例运行通过。将上述代码进行重构：

```
public class App {
int UP_Limit = 3;
int LOW_Limit = 0;
    int getResult(int input){
        if((UP_Limit<input)||(LOW_Limit>input))
            return -1;
        if((0==input||1==input))
            return input;
        if(2==input)
            return 1;
        if(3==input)
            return 2;
return -1;
    }
}
```

其中，通过 UP_Limit 和 LOW_Limit 两个常量控制上下边界，运行测试用例，保证测试通过。观察代码，还可以利用数组进一步重构：

```
public class App {
int UP_Limit = 3;
int LOW_Limit = 0;
    int getResult(int input){
        int result[] = {0,1,1,2};
        if((UP_Limit<input)||(LOW_Limit>input))
            return -1;
        return result[input];
    }
}
```

运行测试用例，保证测试用例运行通过。

8.1.4　第三次需求变更

1. 需求

针对 getResult()方法：

- 当输入 0 时，返回 0。
- 当输入 1 时，返回 1。
- 当输入 n 时，返回 getResult(n−1)+ getResult (n−2)（n>=2,n<=8)。
- 当输入非 0~8 时，返回−1。

2. 设计测试用例

设计测试用例，如表 8-4 所示。

表8-4　初始化测试用例设计

输入	输出
0	0
−1	−1
1	1
2	1
3	2
4	3
8	21
9	−1

其中，将输入 4 返回−1 修改为输入 4 返回 3；添加输入 8 返回 21 和输入 9 返回−1 的测试用例。

3. JUnit 测试脚本

修改后的测试代码 AppTest.java：

```java
public class AppTest {
    private static App app = new App();

    @Test
    @DisplayName("测试输入 0，输出 0")
    public void testGive0Get0(){
        Assertions.assertEquals(0, app.getResult(0));
    }

    @Test
    @DisplayName("测试输入-1，输出-1")
    public void testGiveNegative1GetNegative1(){
        Assertions.assertEquals(-1, app.getResult(-1));
    }
```

```java
@Test
@DisplayName("测试输入 1, 输出 1")
public void testGive1Get1(){
  Assertions.assertEquals(1, app.getResult(1));
}

@Test
@DisplayName("测试输入 2, 输出 1")
public void testGive2Get1(){
    Assertions.assertEquals(1, app.getResult(2));
}

@Test
@DisplayName("测试输入 3, 输出 2")
public void testGive3Get2(){
    Assertions.assertEquals(2, app.getResult(3));
}

@Test
@DisplayName("测试输入 4, 输出 3")
public void testGive4Get3(){
    Assertions.assertEquals(3, app.getResult(4));
}

@Test
@DisplayName("测试输入 8, 输出 21")
public void testGive8Get1(){
    Assertions.assertEquals(21, app.getResult(8));
}

@Test
@DisplayName("测试输入 9, 输出-1")
public void testGive9GetNegative1(){
    Assertions.assertEquals(-1, app.getResult(9));
}
}
```

运行测试，结果如图 8-4 所示。

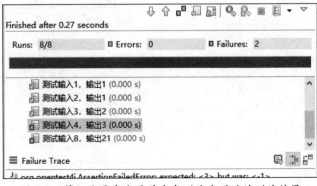

图 8-4　第三次需求变更前完成测试代码后的测试结果

结果显示，输入 4 返回 3 和输入 8 返回 21 的测试用例没有通过。

4. 完善产品代码

按照新的需求完善产品代码：

```java
public class App {
int UP_Limit = 8;
int LOW_Limit = 0;
    int getResult(int input){
     if((UP_Limit<input)||(LOW_Limit>input))
         return -1;
     if((0==input||1==input))
         return input;
     return getResult(input-1)+getResult(input - 2);
    }
}
```

运行测试用例，保证测试用例运行通过。

8.1.5 第四次需求变更

1. 需求

针对 getResult()方法。

● 当输入 0 时，返回 0。

● 当输入 1 时，返回 1。

● 当输入 n 时，返回 getResult(n−1)+ getResult (n−2)（n>=2,n<=80）（myFunction(80)=23416728348467685）。

● 当输入非 0～80 时，返回−1。

2. 设计测试用例

设计测试用例，如表 8-5 所示。

表 8-5 初始化测试用例设计

输入	输出
0	0
−1	−1
1	1
2	1
3	2
4	3
8	21
80	23416728348467685
81	−1

其中，删除输入 9 返回−1；添加输入 80 返回 23416728348467685 和输入 81 返回−1

的测试用例

3. JUnit 测试脚本

修改后的测试代码 AppTest.java：

```java
public class AppTest {
    private static App app = new App();

    @Test
    @DisplayName("测试输入 0，输出 0")
    public void testGive0Get0(){
      Assertions.assertEquals(0, app.getResult(0));
    }

    @Test
    @DisplayName("测试输入-1，输出-1")
    public void testGiveNegative1GetNegative1(){
      Assertions.assertEquals(-1, app.getResult(-1));
    }

    @Test
    @DisplayName("测试输入 1，输出 1")
    public void testGive1Get1(){
      Assertions.assertEquals(1, app.getResult(1));
    }

    @Test
    @DisplayName("测试输入 2，输出 1")
    public void testGive2Get1(){
      Assertions.assertEquals(1, app.getResult(2));
    }

    @Test
    @DisplayName("测试输入 3，输出 2")
    public void testGive3Get2(){
      Assertions.assertEquals(2, app.getResult(3));
    }

    @Test
    @DisplayName("测试输入 4，输出 3")
    public void testGive4Get3(){
      Assertions.assertEquals(3, app.getResult(4));
    }

    @Test
    @DisplayName("测试输入 8，输出 21")
    public void testGive8Get1(){
      Assertions.assertEquals(21, app.getResult(8));
    }

    @Test
```

```
    @DisplayName("测试输入80，输出23416728348467685")
    public void testGive80Get23416728348467685(){
      Assertions.assertEquals(Double.valueOf(23416728348467685.00),
app.getResult(80),0.01);
    }

    @Test
    @DisplayName("测试输入81，输出-1")
    public void testGive9GetNegative1(){
      Assertions.assertEquals(-1, app.getResult(81));
    }
}
```

运行测试，结果如图8-5所示。

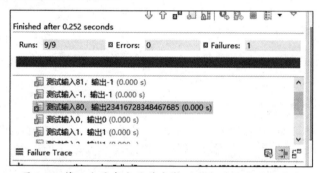

图8-5　第四次需求变更前完成测试代码后的测试结果

结果显示，输入80返回23416728348467685的测试用例没有通过。

4. 完善产品代码

按照新的需求完善产品代码：

```
public class App {
int UP_Limit = 80;
int LOW_Limit = 0;
    double getResult(int input){
        if((UP_Limit<input)||(LOW_Limit>input))
            return -1;
        if((0==input||1==input))
            return input;
      return Double.valueOf(getResult(input-1)+getResult(input - 2));
    }
}
```

运行测试用例，在运行 testGive80Get23416728348467685()用例时会造成死机。
我们把上述递归算法改为循环重构代码：

```
public class App {
int UP_Limit = 80;
int LOW_Limit = 0;
    double getResult(int input){
```

```
        if((UP_Limit<input)||(LOW_Limit>input))
            return -1;
        if((0==input||1==input))
            return input;
        double fn = 0;
        double fn1 = 1;
        double fn2 = 0;
        for (int i = 2; i <= input;i++){
            fn = fn1 + fn2;
            fn2 = fn1;
            fn1 = fn;
        }
        return fn;
    }
}
```

这时，运行测试用例，测试用例全部通过。

由此可见，TDD 是先写单元测试代码，然后写产品代码并使测试代码全部通过，最后对产品代码进行设计（重构），即测试→编码→设计；而传统的开发过程是先进行设计，然后写产品代码，最后写单元测试代码进行测试，即设计→编码→测试，两者过程相反。经过多家公司的实践证明，通过 TDD 可以在更短的时间内完成更高质量的产品代码。

8.2　完善计算器产品代码

在第 4 章中，Calculator.java 仅考虑了 int 型变量之间的加、减、乘、除运算，没有考虑长整型与小数之间的加、减、乘、除运算。下面通过 TDD 的方式来完善 Calculator.java，以计算器加法的功能为例。

1. 加法基本测试用例

首先来设计加法的测试用例，考虑到 Java 中的数据类型包括整型和浮点型，整型又包括 byte、short、int 和 long 型，这里仅需要考虑 int 和 long 型；浮点型又包括 floa 和 double 型，故设计以下 16 个测试用例，如表 8-6 所示。

表 8-6　16 个加法基本测试用例

	int	long	float	double
int	Case_1	Case_5	Case_9	Case_13
long	Case_2	Case_6	Case_10	Case_14
float	Case_3	Case_7	Case_11	Case_15
double	Case_4	Case_8	Case_12	Case_16

其中，小数的精度 float 为 7；double 为 16，代码如下：

```
private static Calculator calculator = new Calculator();
```

```
/******************************正常加法测试******************************/
    @Test
    @DisplayName("测试加法, add(int,int)")
    public void testAddinttoint(){
        int a = 2;
        int b = 3;
        int result = 5;
        Assertions.assertEquals(result, calculator.add(a,b));
    }

    @Test
    @DisplayName("测试加法, add(int,long)")
    public void testAddinttolong(){
        int a = 1;
        long b = 99999999991;
        long result = 100000000001;
        Assertions.assertEquals(result, calculator.add(a,b));
    }

    @Test
    @DisplayName("测试加法, add(int,float)")
    public void testAddinttofloat(){
        int a = 2;
        float b = 0.1f;
        float result = 2.1f;
        Assertions.assertEquals(result, calculator.add(a,b));
    }

    @Test
    @DisplayName("测试加法, add(int,double)")
    public void testAddinttodouble(){
        int a = 2;
        double b = 0.00000000000000000000000000000000000000000001d;
        double result = 2.00000000000000000000000000000000000000000001d;
        Assertions.assertEquals(result, calculator.add(a,b));
    }

    @Test
    @DisplayName("测试加法, add(long,int)")
    public void testAddlongtoint(){
        long a = 21;
        int b = 3;
        long result = 5;
        Assertions.assertEquals(result, calculator.add(a,b));
    }

    @Test
    @DisplayName("测试加法, add(long,long)")
    public void testAddlongtolong(){
```

```java
        long a = 11;
        long b = 99999999991;
        long result = 100000000001;
        Assertions.assertEquals(result, calculator.add(a,b));
    }

    @Test
    @DisplayName("测试加法，add(long,float)")
    public void testAddlongtofloat(){
        long a = 21;
        float b = 0.1f;
        float result = 2.1f;
        Assertions.assertEquals(result, calculator.add(a,b));
    }

    @Test
    @DisplayName("测试加法，add(long,double)")
    public void testAddlongtodouble(){
        long a = 21;
        double b = 0.00000000000000000000000000000000000000000000000001d;
        double result = 2.00000000000000000000000000000000000000000000000001d;
        Assertions.assertEquals(result, calculator.add(a,b));
    }

    @Test
    @DisplayName("测试加法，add(float,int)")
    public void testAddfloattoint(){
        float a = 2.1f;
        int b = 3;
        float result = 5.1f;
        Assertions.assertEquals(result, calculator.add(a,b));
    }

    @Test
    @DisplayName("测试加法，add(float,long)")
    public void testAddfloattolong(){
        float a = 2.1f;
        long b = 99999999991;
        float result = 10000000001.1f;
        Assertions.assertEquals(result, calculator.add(a,b));
    }

    @Test
    @DisplayName("测试加法，add(float,float)")
    public void testAddfloattofloat(){
        float a = 2.1f;
        float b = 0.1f;
        float result = 2.2f;
        Assertions.assertEquals(result, calculator.add(a,b));
    }
```

```
@Test
@DisplayName("测试加法, add(float,double)")
public void testAddfloattodouble(){
    float a = 2.1f;
    double b = 0.000000000000000000000000000000000000000001d;
    double result = 2.100000000000000000000000000000000000000001d;
    Assertions.assertEquals(result, calculator.add(a,b));
}

@Test
@DisplayName("测试加法, add(double,int)")
public void testAddfdoubletoint(){
    double a = 0.000000000000000000000000000000000000000001d;
    int b = 3;
    double result = 3.000000000000000000000000000000000000000001d;
    Assertions.assertEquals(result, calculator.add(a,b));
}

@Test
@DisplayName("测试加法, add(double,long)")
public void testAdddoubletolong(){
    double a = 0.000000000000000000000000000000000000000001d;
    long b = 99999999991;
    double result = 9999999999.000000000000000000000000000000000000000000
                    00001d;
    Assertions.assertEquals(result, calculator.add(a,b));
}

@Test
@DisplayName("测试加法, add(double,float)")
public void testAdddoubletofloat(){
    double a = 0.000000000000000000000000000000000000000001d;
    float b = 0.1f;
    double result = 0.100000000000000000000000000000000000000001d;;
    Assertions.assertEquals(result, calculator.add(a,b));
}

@Test
@DisplayName("测试加法, add(double,double)")
public void testAdddoubletodouble(){
    double a = 0.000000000000000000000000000000000000000001d;
    double b = 0.000000000000000000000000000000000000000001d;
    double result = 0.000000000000000000000000000000000000000002d;
    Assertions.assertEquals(result, calculator.add(a,b));
}
```

产品代码如下：

```
public class Calculator {
/*********************************加法***************************/
    public int add(int a,int b) {
        return a + b;
```

```
    }

    public long add(int a,long b) {
        return a + b;
    }

    public double add(int a,float b) {
        return a + b;
    }

    public double add(int a,double b) {
        return a + b;
    }

    public long add(long a,int b) {
        return a + b;
    }

    public long add(long a,long b) {
        return a + b;
    }

    public float add(long a,float b) {
        return a + b;
    }

    public double add(long a,double b) {
        return a + b;
    }

    public float add(float a,int b) {
        return a + b;
    }

    public float add(float a,long b) {
        return a + b;
    }

    public float add(float a,float b) {
        return a + b;
    }

    public double add(float a,double b) {
        return a + b;
    }

    public double add(double a,int b) {
        return a + b;
    }

    public double add(double a,long b) {
```

```
        return a + b;
    }

    public double add(double a,float b) {
        return a + b;
    }

    public double add(double a,double b) {
        return a + b;
    }
}
```

2. 加法边界测试用例

下面再来考虑边界条件，Java 的边界变量分别由常量 Integer.MAX(MIN)_VALUE、Long.MAX(MIN)_VALUE、Float.MAX(MIN)_VALUE 和 Long.MAX(MIN)_VALUE 来表示。当运算越界时，会要求系统抛出自定义的异常。

先来定义以下常量。

int Positive_MIN_INT = 1：最小 int 类型的正数。

int Negative_MAX_INT = -1：最大 int 类型的负数。

long Positive_MIN_LONG = 1l：最小 long 类型的正数。

long Negative_MAX_LONG = -1：最大 long 类型的负数。

float Positive_MIN_FLOAT = 1.E-7f：最小 float 类型的正数。

float Negative_MAX_FLOAT = -1.E-7f：最大 float 类型的负数。

double Positive_MIN_DOUBLE = 1.E-16d：最小 double 类型的正数。

double Negative_MAX_DOUBLE = -1.E-16d：最大 double 类型的负数。

然后设计边界测试用例，如表 8-7 所示。

表 8-7 加法边界测试用例

被加数类型	加数类型	被加数值	加数值
上边界			
int	int	Integer.MAX_VALUE	Positive_MIN_INT
int	long	Positive_MIN_INT	Long.MAX_VALUE
int	float	Positive_MIN_INT	Float.MAX_VALUE
int	double	Positive_MIN_INT	Double.MAX_VALUE
long	int	Long.MAX_VALUE	Positive_MIN_INT
long	long	Long.MAX_VALUE	Positive_MIN_LONG
long	float	Positive_MIN_LONG	Float.MAX_VALUE
long	double	Positive_MIN_LONG	Double.MAX_VALUE
float	int	Float.MAX_VALUE	Positive_MIN_INT
float	long	Long.MAX_VALUE	Positive_MIN_LONG

续表

被加数类型	加数类型	被加数值	加数值
上边界			
float	float	Float.MAX_VALUE	Positive_MIN_FLOAT
float	double	Positive_MIN_FLOAT	Double.MAX_VALUE
double	int	Double.MAX_VALUE	Positive_MIN_INT
double	long	Double.MAX_VALUE	Positive_MIN_LONG
double	float	Double.MAX_VALUE	Positive_MIN_FLOAT
double	double	Double.MAX_VALUE	Positive_MIN_DOUBLE
下边界			
int	int	Integer.MIN_VALUE	Negative_Max_INT
int	long	Negative_Max_INT	Long.MIN_VALUE
int	float	Negative_Max_INT	Float.MIN_VALUE
int	double	Negative_Max_INT	Double.MIN_VALUE
long	int	Long.MIN_VALUE	Negative_Max_INT
long	long	Negative_Max_LONG	Double.MIN_VALUE
long	float	Negative_Max_LONG	Float.MIN_VALUE
long	double	Long.MIN_VALUE	Negative_Max_LONG
float	int	Float.MIN_VALUE	Negative_Max_INT
float	long	Float.MIN_VALUE	Negative_Max_LONG
float	float	Float.MIN_VALUE	Negative_MAX_FLOAT
float	double	Negative_MAX_FLOAT	Double.MIN_VALUE
double	int	Double.MIN_VALUE	Negative_Max_INT
double	long	Double.MIN_VALUE	Negative_Max_LONG
double	float	Double.MIN_VALUE	Negative_MAX_FLOAT
double	double	Double.MIN_VALUE	Negative_MAX_DOUBLE

自定义异常类 MyException.java：

```java
public class MyException extends Exception {
    //异常信息
    private String message;

    //构造函数
    public MyException(String message){
        super(message);
        this.message = message;
    }
}
```

改写以前的测试代码：

```java
/****************************正常加法测试*****************************/
@Test
@DisplayName("测试加法, add(int,int)")
public void testAddinttoint(){
    int a = 2;
```

```
    int b = 3;
    int result = 5;
try{
        Assertions.assertEquals(result, calculator.add(a,b));
}catch(Exception ex){
        ex.printStackTrace();
    }
}

@Test
@DisplayName("测试加法，add(int,long)")
public void testAddinttolong(){
    int a = 1;
    long b = 99999999991;
    long result = 100000000001;
    try{
            Assertions.assertEquals(result, calculator.add(a,b));
    }catch(Exception ex){
            ex.printStackTrace();
    }
}

@Test
@DisplayName("测试加法，add(int,float)")
public void testAddinttofloat(){
    int a = 2;
    float b = 0.1f;
    float result = 2.1f;
    try{
            Assertions.assertEquals(result, calculator.add(a,b),7);
    }catch(Exception ex){
            ex.printStackTrace();
    }
}

@Test
@DisplayName("测试加法，add(int,double)")
public void testAddinttodouble(){
    int a = 2;
    double b = 0.0000000000000000000000000000000000000000000001d;
    double result = 2.0000000000000000000000000000000000000000000001d;
    try{
            Assertions.assertEquals(result, calculator.add(a,b),16);
    }catch(Exception ex){
            ex.printStackTrace();
    }
}

@Test
@DisplayName("测试加法，add(long,int)")
public void testAddlongtoint(){
```

```
        long a = 21;
        int b = 3;
        long result = 5;
        try{
                Assertions.assertEquals(result, calculator.add(a,b));
        }catch(Exception ex){
                ex.printStackTrace();
        }
}

@Test
@DisplayName("测试加法, add(long,long)")
public void testAddlongtolong(){
        long a = 11;
        long b = 99999999991;
        long result = 100000000001;
        try{
            Assertions.assertEquals(result, calculator.add(a,b));
          }catch(Exception ex){
                ex.printStackTrace();
      }
}

@Test
@DisplayName("测试加法, add(long,float)")
public void testAddlongtofloat(){
      long a = 21;
      float b = 0.1f;
      float result = 2.1f;
      try{
                Assertions.assertEquals(result, calculator.add(a,b),7);
              }catch(Exception ex){
                ex.printStackTrace();
      }
}

@Test
@DisplayName("测试加法, add(long,double)")
public void testAddlongtodouble(){
      long a = 21;
      double b = 0.000000000000000000000000000000000000000001d;
      double result = 2.000000000000000000000000000000000000000001d;
try{
                Assertions.assertEquals(result, calculator.add(a,b),16);
      }catch(Exception ex){
                ex.printStackTrace();
      }
}
@Test
@DisplayName("测试加法, add(float,int)")
public void testAddfloattoint(){
```

```
        float a = 2.1f;
        int b = 3;
        float result = 5.1f;
        try{
                Assertions.assertEquals(result, calculator.add(a,b),7);
        }catch(Exception ex){
                ex.printStackTrace();
        }
}

@Test
@DisplayName("测试加法，add(float,long)")
public void testAddfloattolong(){
        float a = 2.1f;
        long b = 99999999991;
        float result = 10000000001.1f;
        try{
                Assertions.assertEquals(result, calculator.add(a,b),7);
        }catch(Exception ex){
                ex.printStackTrace();
        }
}

@Test
@DisplayName("测试加法，add(float,float)")
public void testAddfloattofloat(){
        float a = 2.1f;
        float b = 0.1f;
        float result = 2.2f;
        try{
                Assertions.assertEquals(result, calculator.add(a,b),7);
        }catch(Exception ex){
                ex.printStackTrace();
        }
}

@Test
@DisplayName("测试加法，add(float,double)")
public void testAddfloattodouble(){
        float a = 2.1f;
        double b = 0.00000000000000000000000000000000000000000001d;
        double result = 2.10000000000000000000000000000000000000000001d;
        try{
                Assertions.assertEquals(result, calculator.add(a,b),16);
        }catch(Exception ex){
                ex.printStackTrace();
        }
}

@Test
@DisplayName("测试加法，add(double,int)")
```

```java
public void testAddfdoubletoint(){
        double a = 0.0000000000000000000000000000000000000000001d;
        int b = 3;
        double result = 3.0000000000000000000000000000000000000000001d;
        try{
                Assertions.assertEquals(result, calculator.add(a,b),16);
        }catch(Exception ex){
                ex.printStackTrace();
        }
}

@Test
@DisplayName("测试加法, add(double,long)")
public void testAdddoubletolong(){
        double a = 0.0000000000000000000000000000000000000000001d;
        long b = 99999999991;
        double result =
9999999999.0000000000000000000000000000000000000000001d;
        try{
                Assertions.assertEquals(result, calculator.add(a,b),16);
        }catch(Exception ex){
                ex.printStackTrace();
        }
}

@Test
@DisplayName("测试加法, add(double,float)")
public void testAdddoubletofloat(){
        double a = 0.0000000000000000000000000000000000000000001d;
        float b = 0.1f;
        double result = 0.1000000000000000000000000000000000000000001d;;
        try{
                Assertions.assertEquals(result, calculator.add(a,b),16);
        }catch(Exception ex){
                ex.printStackTrace();
        }
}

@Test
@DisplayName("测试加法, add(double,double)")
public void testAdddoubletodouble(){
        double a = 0.0000000000000000000000000000000000000000001d;
        double b = 0.0000000000000000000000000000000000000000001d;
        double result = 0.0000000000000000000000000000000000000000002d;
        try{
                Assertions.assertEquals(result, calculator.add(a,b),16);
        }catch(Exception ex){
                ex.printStackTrace();
        }
}
```

添加加法器边界测试代码：

```
/***************************加法器边界测试***********************************/
    @Test
    @DisplayName("测试加法, Positive_Max_int_pluse_for_int_int")
    public void testAdd_Positive_Max_int_pluse_for_int_int() {
        int a = Integer.MAX_VALUE;
        int b = Positive_MIN_INT;
        Throwable exception = Assertions.assertThrows(MyException.class, ()
-> calculator.add(a,b));
    Assertions.assertTrue(exception.getMessage().contains("结果越界!"));
}

    @Test
    @DisplayName("测试加法, Positive_Max_long_pluse_for_int_long")
    public void testAdd_Positive_Max_long_pluse_for_int_long() {
        int a = Positive_MIN_INT;
        long b = Long.MAX_VALUE;
        Throwable exception = Assertions.assertThrows(MyException.class, () ->
calculator.add(a,b));
        Assertions.assertTrue(exception.getMessage().contains("结果越界!"));
    }

    @Test
    @DisplayName("测试加法, Max_float_pluse_for_int_float")
    public void testAdd_Max_float_pluse_for_int_float() {
        int a=Positive_MIN_INT;
        float b = Float.MAX_VALUE;
        Throwable exception = Assertions.assertThrows(MyException.class, ()
-> calculator.add(a,b));
        Assertions.assertTrue(exception.getMessage().contains("结果越界!"));
    }

    @Test
    @DisplayName("测试加法, Max_float_pluse_for_int_double")
    public void testAdd_Max_float_pluse_for_int_double() {
        int a = Positive_MIN_INT;
        double b=Double.MAX_VALUE;
        Throwable exception = Assertions.assertThrows(MyException.class, ()
-> calculator.add(a,b));
        Assertions.assertTrue(exception.getMessage().contains("结果越界!"));
    }

    @Test
    @DisplayName("测试加法, Positive_Max_long_pluse_for_long_int")
    public void testAdd_Positive_Max_long_pluse_for_long_int() {
        long a = Long.MAX_VALUE;
        int b = Positive_MIN_INT;
        Throwable exception = Assertions.assertThrows(MyException.class, () ->
calculator.add(a,b));
        Assertions.assertTrue(exception.getMessage().contains("结果越界!"));
```

```
    }

    @Test
    @DisplayName("测试加法, Max_float_pluse_for_long_long")
    public void testAdd_Max_float_pluse_for_long_long() {
        long a = Long.MAX_VALUE;
        long b=Positive_MIN_LONG ;
        Throwable exception = Assertions.assertThrows(MyException.class, ()
-> calculator.add(a,b));
        Assertions.assertTrue(exception.getMessage().contains("结果越界!"));
    }


    @Test
    @DisplayName("测试加法, Max_float_pluse_for_long_float")
    public void testAdd_Max_float_pluse_for_long_float() {
        long a=Positive_MIN_LONG ;
        float b = Float.MAX_VALUE;
        Throwable exception = Assertions.assertThrows(MyException.class, ()
-> calculator.add(a,b));
        Assertions.assertTrue(exception.getMessage().contains("结果越界!"));
    }

    @Test
    @DisplayName("测试加法, Max_float_pluse_for_long_double")
    public void testAdd_Max_float_pluse_for_long_double() {
        long a = Positive_MIN_LONG ;
        double b=Double.MAX_VALUE;
        Throwable exception = Assertions.assertThrows(MyException.class, ()
-> calculator.add(a,b));
        Assertions.assertTrue(exception.getMessage().contains("结果越界!"));
    }

    @Test
    @DisplayName("测试加法, float_pluse_for_float_int")
    public void testAdd_Max_float_pluse_for_float_int() {
        float a = Float.MAX_VALUE;
        int b=Positive_MIN_INT;
        Throwable exception = Assertions.assertThrows(MyException.class, ()
-> calculator.add(a,b));
        Assertions.assertTrue(exception.getMessage().contains("结果越界!"));
    }

    @Test
    @DisplayName("测试加法, Max_float_pluse_for_float_long)")
    public void testAdd_Max_float_pluse_for_float_long() {
        float a = Float.MAX_VALUE;
        long b=Positive_MIN_LONG ;
        Throwable exception = Assertions.assertThrows(MyException.class, ()
-> calculator.add(a,b));
        Assertions.assertTrue(exception.getMessage().contains("结果越界!"));
```

```
    }

    @Test
    @DisplayName("测试加法, Max_float_pluse_for_float_float")
    public void testAdd_Max_float_pluse_for_float_float() {
        float a = Float.MAX_VALUE;
        float b= Positive_MIN_FLOAT;
        Throwable exception = Assertions.assertThrows(MyException.class, ()
-> calculator.add(a,b));
        Assertions.assertTrue(exception.getMessage().contains("结果越界!"));
    }

    @Test
    @DisplayName("测试加法, Max_float_pluse_for_float_double")
    public void testAdd_Max_float_pluse_for_float_double() {
        float a = Positive_MIN_FLOAT;
        double b=Double.MAX_VALUE;
        Throwable exception = Assertions.assertThrows(MyException.class, ()
-> calculator.add(a,b));
        Assertions.assertTrue(exception.getMessage().contains("结果越界!"));
    }

    @Test
    @DisplayName("测试加法, Max_float_pluse_for_double_int")
    public void testAdd_Max_float_pluse_for_double_int() {
        double a=Double.MAX_VALUE;
        int b = Positive_MIN_INT;
        Throwable exception = Assertions.assertThrows(MyException.class, ()
-> calculator.add(a,b));
        Assertions.assertTrue(exception.getMessage().contains("结果越界!"));
    }

    @Test
    @DisplayName("测试加法, Max_float_pluse_for_double_long")
    public void testAdd_Max_float_pluse_for_double_long() {
        double a=Double.MAX_VALUE;
        long b = Positive_MIN_LONG ;
        Throwable exception = Assertions.assertThrows(MyException.class, ()
-> calculator.add(a,b));
        Assertions.assertTrue(exception.getMessage().contains("结果越界!"));
    }

    @Test
    @DisplayName("测试加法, Max_float_pluse_for_double_float")
    public void testAdd_Max_float_pluse_for_double_float() {
        double a=Double.MAX_VALUE;
        float b = Positive_MIN_FLOAT;
        Throwable exception = Assertions.assertThrows(MyException.class, ()
-> calculator.add(a,b));
        Assertions.assertTrue(exception.getMessage().contains("结果越界!"));
    }
```

```java
    @Test
    @DisplayName("测试加法, Max_float_pluse_for_double_double")
    public void testAdd_Max_float_pluse_for_double_double() {
        double a=Double.MAX_VALUE;
        double b = Positive_MIN_DOUBLE;
        Throwable exception = Assertions.assertThrows(MyException.class, ()
-> calculator.add(a,b));
        Assertions.assertTrue(exception.getMessage().contains("结果越界!"));
    }


    @Test
    @DisplayName("测试加法, Negative_Min_Reduce_for_int_int")
    public void testAdd_Negative_Min_Reduce_for_int_int() {
        int a = Integer.MIN_VALUE;
        int b = Negative_MAX_INT;
        Throwable exception = Assertions.assertThrows(MyException.class, ()
-> calculator.add(a,b));
        Assertions.assertTrue(exception.getMessage().contains("结果越界!"));
    }


    @Test
    @DisplayName("测试加法, Negative_Min_long_Reduce_for_int_long")
    public void testAdd_Negative_Min_long_Reduce_for_int_long() {
        int a = Negative_MAX_INT;
        long b = Long.MIN_VALUE;
        Throwable exception = Assertions.assertThrows(MyException.class, ()
-> calculator.add(a,b));
        Assertions.assertTrue(exception.getMessage().contains("结果越界!"));
    }


    @Test
    @DisplayName("测试加法, Max_float_reduce_for_int_float")
    public void testAdd_Max_float_reduce_for_int_float() {
        int a= Negative_MAX_INT;
        float b = Float.MIN_VALUE;
        Throwable exception = Assertions.assertThrows(MyException.class, ()
-> calculator.add(a,b));
        Assertions.assertTrue(exception.getMessage().contains("结果越界!"));
    }


    @Test
    @DisplayName("测试加法, Min_float_reduce_for_int_double")
    public void testAdd_Min_float_reduce_for_int_double() {
        int a = Negative_MAX_INT;
        double b=Double.MIN_VALUE;
        Throwable exception = Assertions.assertThrows(MyException.class, ()
-> calculator.add(a,b));
        Assertions.assertTrue(exception.getMessage().contains("结果越界!"));
    }
```

```java
    @Test
    @DisplayName("测试加法，Negative_Min_long_Reduce_for_long_int")
    public void testAdd_Negative_Min_long_Reduce_for_long_int() {
        long a = Long.MIN_VALUE;
        int b = Negative_MAX_INT;
        Throwable exception = Assertions.assertThrows(MyException.class, ()
-> calculator.add(a,b));
        Assertions.assertTrue(exception.getMessage().contains("结果越界!"));
    }

    @Test
    @DisplayName("测试加法，Max_float_reduce_for_long_float")
    public void testAdd_Max_float_reduce_for_long_float() {
        long a=Negative_MAX_LONG;
        float b = Float.MIN_VALUE;
        Throwable exception = Assertions.assertThrows(MyException.class, ()
-> calculator.add(a,b));
        Assertions.assertTrue(exception.getMessage().contains("结果越界!"));
    }

    @Test
    @DisplayName("测试加法，Max_float_reduce_for_long_long")
    public void testAdd_Max_float_reduce_for_long_long() {
        long a=Long.MIN_VALUE;
        long b = Negative_MAX_LONG;
        Throwable exception = Assertions.assertThrows(MyException.class, ()
-> calculator.add(a,b));
        Assertions.assertTrue(exception.getMessage().contains("结果越界!"));
    }

    @Test
    @DisplayName("测试加法，Min_float_reduce_for_long_double")
    public void testAdd_Min_float_reduce_for_long_double() {
        long a = Negative_MAX_LONG;
        double b=Double.MIN_VALUE;
        Throwable exception = Assertions.assertThrows(MyException.class, ()
-> calculator.add(a,b));
        Assertions.assertTrue(exception.getMessage().contains("结果越界!"));
    }

    @Test
    @DisplayName("测试加法，Max_float_reduce_for_float_int)")
    public void testAdd_Max_float_reduce_for_float_int() {
        float a = Float.MIN_VALUE;
        int b= Negative_MAX_INT;
        Throwable exception = Assertions.assertThrows(MyException.class, ()
-> calculator.add(a,b));
        Assertions.assertTrue(exception.getMessage().contains("结果越界!"));
    }

    @Test
```

```java
    @DisplayName("测试加法, Max_float_reduce_for_float_long)")
    public void testAdd_Max_float_reduce_for_float_long() {
        float a = Float.MIN_VALUE;
        long b=Negative_MAX_LONG;
        Throwable exception = Assertions.assertThrows(MyException.class, ()
-> calculator.add(a,b));
        Assertions.assertTrue(exception.getMessage().contains("结果越界!"));
    }

    @Test
    @DisplayName("测试加法, Max_float_reduce_for_float_float")
    public void testAdd_Max_float_reduce_for_float_float() {
        float a = Float.MIN_VALUE;
        float b=Negative_MAX_FLOAT;
        Throwable exception = Assertions.assertThrows(MyException.class, ()
-> calculator.add(a,b));
        Assertions.assertTrue(exception.getMessage().contains("结果越界!"));
    }

    @Test
    @DisplayName("测试加法, Min_float_reduce_for_float_double")
    public void testAdd_Min_float_reduce_for_float_double() {
        float a = Negative_MAX_FLOAT;
        double b=Double.MIN_VALUE;
        Throwable exception = Assertions.assertThrows(MyException.class, ()
-> calculator.add(a,b));
        Assertions.assertTrue(exception.getMessage().contains("结果越界!"));
    }

    @Test
    @DisplayName("测试加法, Min_float_reduce_for_double_int")
    public void testAdd_Min_float_reduce_for_double_int() {
        double a=Double.MIN_VALUE;
        int b = Negative_MAX_INT;
        Throwable exception = Assertions.assertThrows(MyException.class, ()
-> calculator.add(a,b));
        Assertions.assertTrue(exception.getMessage().contains("结果越界!"));
    }

    @Test
    @DisplayName("测试加法, Min_float_reduce_for_double_long")
    public void testAdd_Min_float_reduce_for_double_long() {
        double a=Double.MIN_VALUE;
        long b = Negative_MAX_LONG;
        Throwable exception = Assertions.assertThrows(MyException.class, ()
-> calculator.add(a,b));
        Assertions.assertTrue(exception.getMessage().contains("结果越界!"));
    }

    @Test
    @DisplayName("测试加法, Min_float_reduce_for_double_float")
```

```
    public void testAdd_Min_float_reduce_for_double_float() {
        double a=Double.MIN_VALUE;
        float b = Negative_MAX_FLOAT;
        Throwable exception = Assertions.assertThrows(MyException.class, ()
-> calculator.add(a,b));
        Assertions.assertTrue(exception.getMessage().contains("结果越界!"));
    }

    @Test
    @DisplayName("测试加法, Min_float_reduce_for_double_double")
    public void testAdd_Min_float_reduce_for_double_double() {
        double a=Double.MIN_VALUE;
        double b = Negative_MAX_DOUBLE;
        Throwable exception = Assertions.assertThrows(MyException.class, ()
-> calculator.add(a,b));
        Assertions.assertTrue(exception.getMessage().contains("结果越界!"));
    }
```

根据加法的测试用例书写产品代码，考虑到在 Java 中，

- Integer.MAX_VALUE+1=Integer.MIN_VALUE ； Integer.MIN_VALUE-1= Integer. MAX_VALUE。
- Long.MAX_VALUE+1=Long.MIN_VALUE ； Long.MIN_VALUE-1=Long.MAX_ VALUE。

所以

```
result = a + b;
if ((a>0 && b>0) && (result<0))
```

被加数与加数为正，而和为负的情形，或者

```
result = a + b;
if ((a<0 && b<0) && (result>0))
```

被加数与加数为负，而和为正的情形，用于判断 int 和 long 的越界条件。

考虑到，

- Float.MAX_VALUE+(int,long,double) = Float.MAX_VALUE ； Float.MIN_ VALUE-(int,long,double) = Float. MIN_VALUE。
- Double.MAX_VALUE+(int,long,float) = Double.MAX_VALUE；Double.MAX_ VALUE-(int,long,float) = Double.MAX_VALUE。

所以

```
result = a + b;
if ((result == a) ||(result == b)) {
```

和与被加数或加数相等，用于判断 float+非 float 数据和 double+非 double 数据的越界条件。

考虑到,

- Float.MAX_VALUE+float = 无穷大;Float.MIN_VALUE-float = 无穷大。
- Float.MAX_VALUE+double = 无穷大;Float.MIN_VALUE- double = 无穷大。

所以

```
result = a + b;
result>Float.MAX_VALUE
```

和超过最大浮点数,或者

```
result = a + b;
result> Double.MAX_VALUE
```

和超过最大 double,用于判断 float+float 数据和 double+double 数据的越界条件。

和与被加数或加数相等,具体的产品代码如下:

```
public class Calculator {
/*********************************加法*****************************/
    public int add(int a,int b) throws MyException {
        int result = a + b;
        if ((a>0 && b>0) && (result<a || result<b)) {
            throw new MyException("结果越界!int add(int a,int b)");
        }
        if ((a<0 && b<0) && (result>a || result>b)) {
            throw new MyException("结果越界!int add(int a,int b)");
        }
        return result;
    }

    public long add(int a,long b) throws MyException {
        long result = a + b;
        if ((a>0 && b>0) && (result<a || result<b)) {
            throw new MyException("结果越界!add(int a,long b)");
        }
        if ((a<0 && b<0) && (result>a || result>b)) {
            throw new MyException("结果越界!add(int a,long b)");
        }
        return result;
    }

    public double add(int a,float b) throws MyException {
        double result = a + b;
        if ((result == a) ||(result == b)) {
            throw new MyException("结果越界!int add(int a,float b)");
        }
        return result;
    }

    public double add(int a,double b) throws MyException {
        double result = a + b;
        if ((result == a) ||(result == b)) {
            throw new MyException("结果越界!int add(int a,float b)");
```

```
    }
    return result;
}

public long add(long a,int b) throws MyException {
    long result = a + b;
    if ((a>0 && b>0) && (result<a || result<b)) {
        throw new MyException("结果越界!add(long a,int b)");
    }
    if ((a<0 && b<0) && (result>a || result>b)) {
        throw new MyException("结果越界!add(long a,int b)");
    }
    return result;
}

public long add(long a,long b)throws MyException {
    long result = a + b;
    if ((a>0 && b>0) && (result<a || result<b)) {
        throw new MyException("结果越界!add(long a,long b)");
    }
    if ((a<0 && b<0) && (result>a || result>b)) {
        throw new MyException("结果越界!add(long a,long b)");
    }
    return result;
}

public float add(long a,float b)throws MyException {
    float result = a + b;
    if ((result == a) ||(result == b)) {
        throw new MyException("结果越界!int add(int a,float b)");
    }
    return result;
}

public double add(long a,double b)throws MyException {
    double result = a + b;
    if ((result == a) ||(result == b)) {
        throw new MyException("结果越界!int add(int a,float b)");
    }
    return result;
}

public float add(float a,int b) throws MyException {
    float result = a + b;
    if ((result == a) ||(result == b)) {
        throw new MyException("结果越界!int add(float a,long b)");
    }
    return result;
}

public float add(float a,long b) throws MyException {
    float result = a + b;
    if ((result == a) ||(result == b)) {
        throw new MyException("结果越界!int add(float a,long b)");
```

```
        }
        return result;
    }

    public float add(float a,float b) throws MyException {
        float result = a + b;
        if ((result == a) ||(result == b)||(result>Float.MAX_VALUE)){
            throw new MyException("结果越界!int add(int a,float b)");
        }
        return result;
    }

    public double add(float a,double b) throws MyException {
        double result = a + b;
        if ((result == a) ||(result == b)){
            throw new MyException("结果越界!int add(int a,float b)");
        }
        return result;
    }

    public double add(double a,int b) throws MyException {
        double result = a + b;
        if ((result == a) ||(result == b)) {
            throw new MyException("结果越界!int add(int a,float b)");
        }
        return result;
    }

    public double add(double a,long b) throws MyException {
        double result = a + b;
        if ((result == a) ||(result == b)) {
            throw new MyException("结果越界!int add(int a,float b)");
        }
        return result;
    }

    public double add(double a,float b) throws MyException {
        double result = a + b;
        if ((result == a) ||(result == b)) {
            throw new MyException("结果越界!int add(int a,float b)");
        }
        return result;
    }

    public double add(double a,double b) throws MyException {
        double result = a + b;
        if ((result == a) ||(result == b)||(result>Double.MAX_VALUE)) {
        throw new MyException("结果越界!int add(int a,float b)");
        }
        return result;
    }
}
```

书写计算器减法、乘法和除法功能的过程与书写加法的类似,这里不再详细介绍。

8.3　利用 Jenkins 分析 TDD 代码

下面利用 Jenkins 分析 TDD 代码，并产生 JUnit 与 Allure 测试报告和 PMD、JaCoCo、SonarQube 分析报告。

1）创建 pom.xml 文件：

```xml
<project xmlns="http://maven.apache.org/POM/4.0.0"
xmlns:xsi="http://www.w3.org/2001/XMLSchema-instance"
 xsi:schemaLocation="http://maven.apache.org/POM/4.0.0
http://maven.apache.org/xsd/maven-4.0.0.xsd">
  <modelVersion>4.0.0</modelVersion>

  <groupId>org.example</groupId>
  <artifactId>TDD</artifactId>
  <version>1.0-SNAPSHOT</version>

  <name>com.jerry</name>
  <url>http://maven.apache.org</url>

  <properties>
  <project.build.sourceEncoding>UTF-8</project.build.sourceEncoding>
  <maven.compiler.source>1.8</maven.compiler.source>
   <maven.compiler.target>1.8</maven.compiler.target>
   <maven-compiler-plugin-version>2.3.2</maven-compiler-plugin-version>
  </properties>

<!-- for PMD -->
<reporting>
    <plugins>
        <plugin>
            <groupId>org.apache.maven.plugins</groupId>
            <artifactId>maven-pmd-plugin</artifactId>
            <version> 3.8 </version>
        </plugin>
    </plugins>
</reporting >

<build>
    <plugins>
        <!--plugin>
            <groupId>org.apache.maven.plugins</groupId>
            <artifactId>maven-site-plugin</artifactId>
            <version>3.7.1</version>
    </plugin-->
        <!-- for base meavn -->
        <plugin>
        <artifactId>maven-failsafe-plugin</artifactId>
        <version>3.0.0-M5</version>
    </plugin>
```

```xml
    <plugin>
        <groupId>org.apache.maven.plugins</groupId>
        <artifactId>maven-compiler-plugin</artifactId>
        <configuration>
            <source>8</source>
            <target>8</target>
            <encoding>UTF8</encoding>
        </configuration>
        <version>3.8.1</version>
    </plugin>
    <plugin>
        <groupId>org.apache.maven.plugins</groupId>
        <artifactId>maven-site-plugin</artifactId>
        <version>3.7.1</version>
    </plugin>
    <!-- for PMD -->
<plugin>
        <groupId>org.apache.maven.plugins</groupId>
        <artifactId>maven-pmd-plugin</artifactId>
        <version>3.11.0</version>
    </plugin>
    <!-- for JaCoCo -->
    <plugin>
        <groupId>org.jacoco</groupId>
        <artifactId>jacoco-maven-plugin</artifactId>
        <version>0.8.7</version>
        <executions>
            <execution>
                <goals>
                    <goal>prepare-agent</goal>
                </goals>
            </execution>
            <execution>
                <id>report</id>
                <phase>test</phase>
                <goals>
                    <goal>report</goal>
                </goals>
                <configuration>
                    <!--定义输出的文件夹-->
                    <outputDirectory>target/jacoco-report</outputDirectory>
                </configuration>
            </execution>
        </executions>
    </plugin>
    <!-- for pitest -->
    <!--plugin>
        <groupId>org.apache.maven.plugins</groupId>
        <artifactId>maven-project-info-reports-plugin</artifactId>
        <version>3.0.0</version>
    </plugin-->
```

```xml
                <plugin>
                <groupId>org.pitest</groupId>
                <artifactId>pitest-maven</artifactId>
                <version>1.9.5</version>
                <dependencies>
                    <dependency>
                        <groupId>org.pitest</groupId>
                        <artifactId>pitest-junit5-plugin</artifactId>
                        <version>0.14</version>
                    </dependency>
                </dependencies>
                <configuration>
                    <targetClasses>
                        <param>com.jerry.*</param>
                    </targetClasses>
                    <targetTests>
                        <param>com.jerry.*</param>
                    </targetTests>
                </configuration>
            </plugin>
                <!-- for allure -->
                <plugin>
                    <artifactId>maven-surefire-plugin</artifactId>
                    <version>3.0.0-M5</version>
                    <configuration>
                        <includes>
                            <!-- 默认测试文件的命名规则：
                                "**/Test*.java"
                                "**/*Test.java"
                                "**/*Tests.java"
                                "**/*TestCase.java"
                                如果现有测试文件不符合以上命名,可以在pom.xml中添加自定义规则
                            -->
                            <include>**/**.java</include>
                        </includes>
                        <!-- 在target目录下自动生成原生的测试结果目录：/allure-results -->
                        <systemProperties>
                            <property>
                                <name>allure.results.directory</name>
                                <value>${project.build.directory}/allure-results</value>
                            </property>
                            <property>
                                <name>allure.link.issue.pattern</name>
                                <value>https://example.org/issue/{}</value>
                            </property>
                        </systemProperties>
                    </configuration>
                </plugin>
            </plugins>
</build>
```

```xml
  <dependencies>
    <dependency>
    <groupId>org.mockito</groupId>
    <artifactId>mockito-core</artifactId>
    <version>3.9.0</version>
    <scope>test</scope>
    </dependency>
    <dependency>
        <groupId>org.junit.jupiter</groupId>
        <artifactId>junit-jupiter</artifactId>
        <version>5.8.2</version>
        <scope>test</scope>
    </dependency>
    <dependency>
        <groupId>io.qameta.allure</groupId>
        <artifactId>allure-junit5</artifactId>
        <version>2.13.6</version>
        <scope>test</scope>
    </dependency>
    <dependency>
        <groupId>log4j</groupId>
        <artifactId>log4j</artifactId>
        <version>1.2.17</version>
    </dependency>
    <dependency>
        <groupId>org.slf4j</groupId>
        <artifactId>slf4j-simple</artifactId>
        <version>1.7.25</version>
        <scope>compile</scope>
    </dependency>
    <dependency>
        <groupId>org.jacoco</groupId>
        <artifactId>jacoco-maven-plugin</artifactId>
        <version>0.8.7</version>
    </dependency>
  </dependencies>
</project>
```

2）创建 Pipeline 脚本：

```
pipeline {
    agent any

    tools{
        maven 'mvn-3.8.6'
    }

    stages{
        stage('Code Analysis'){
            steps{
            withSonarQubeEnv('SonarQube'){
                    bat '''
```

```
                mvn clean verify sonar:sonar \
                -Dsonar.projectKey=Java \
                -Dsonar.host.url=http://192.168.0.123:9000
                '''
        }
    }
}
stage('Quality Gate'){
    steps{
        script {
            timeout(time:1,unit:'HOURS'){
            sleep(5)
            def qg = waitForQualityGate()
            echo qg.status
            if (qg.status != 'OK'){
                echo "Status:${qg.status}"
                error "Pipeline aborted due to quality gate failure:
                ${qg.status}"
            }
        }
        }
    }
}
stage('junit'){
    steps {
    bat "mvn clean test"
    }
}
stage('jacoco'){
    steps{
    bat "mvn clean install"
    jacoco()
    }
}
    stage('pmd'){
    steps {
        bat "mvn compile site"
    }
    }
}
post{
    always{
    junit testResults:"**/target/surefire-reports/*.xml"
    script{
        publishHTML (target:[
            allowMissing:false,
            alwaysLinkToLastBuild:true,
            keepAll:true,
            reportDir:'target/site/',
            reportFiles:'index.html',
            reportName:'Pmd Reports',
```

```
                reportTitles:'Pmd Report'])
          }
      script{
        allure([
          includeProperties:false,
          jdk:'',
          properties:[],
        reportBuildPolicy:'ALWAYS',
        results:[[path:'target/surefire-reports']]
          ])
      }
        }
    }
}
```

3）运行 Jenkins pipeline。

4）单击 [Test Result] 图标，查看 JUnit 测试报告。

5）单击 [Coverage Report] 图标，查看 JaCoCo 分析报告。

6）单击 [Pmd Reports] 图标，查看 PMD 分析报告。

7）单击 [Allure Report] 图标，查看 Allure 测试报告。

8）单击 [SonarQube] 图标，查看 SonarQube 分析报告。

注意：正如在第 4 章最后所述，仅通过一个 pom.xml 文件是无法完成上述任务的（笔者使用上面的 jar 包版本，在 Jenkins：2.381、SonarQube：9.7.1.62043、JDK11.0.5 中通过一个 pom.xml 文件做到过，尝试更换 jar 包的其他版本，发现存在 jar 包冲突的问题）。

8.4　习题

考虑 long、float、double 及边界条件，通过 TDD 的方式，书写计算器减法、乘法、除法的单元测试代码和产品代码。

附录A 在写作过程中发现开源软件中的 Bug

版本信息：

- Jenkins：2.381。
- SonarQube：9.7.1.62043。
- SonarQube Scanner for Jenkins：2.15。
- apache-maven：3.8.6。
- Allure：2.20.1。
- MS SQL Server 2014。

发现的问题：

1. 按照本书第 7.3.6 节配置的 Pipeline，在"Windows 10+ MS SQL Server 2014"下 def qg = waitForQualityGate()会返回错误：

```
…
[Pipeline] End of Pipeline
org.sonarqube.ws.client.HttpException:Error 401 on
http://192.168.0.106:9000/api/ce/task?id=AYTGxlU8BSWk-5W6wJUA:
at hudson.plugins.sonar.client.HttpClient.getHttp(HttpClient.java:48)
at hudson.plugins.sonar.client.WsClient.getCETask(WsClient.java:51)
…
```

在"Ubuntu Linux + PostgreSQL"下没有发现问题。

2. 当使用 sonar-scanner 构建 Jenkins Pipeline 时，如下：

```
bat '''
  sonar-scanner \
 -D"sonar.projectKey=Python" \
 -D"sonar.sources=." \
 -D"sonar.host.url=http://192.168.0.106:9000" \
 -D"sonar.login=admin" \
 -D"sonar.password =123456"
```

必须有-D"sonar.login=admin"\和-D"sonar.password =123456"，如果没有则会报错，如下：

```
…
INFO:EXECUTION FAILURE
INFO:----------------------------------------------------------------
INFO:Total time:4.899s
INFO:Final Memory:5M/20M
INFO:----------------------------------------------------------------
ERROR:Error during SonarScanner execution
ERROR:Not authorized. Please check the properties sonar.login and
sonar.password.
ERROR:
ERROR:Re-run SonarScanner using the -X switch to enable full debug logging.
…
```

在最新版本的 Jenkins 中，使用了 sonar.login 和 sonar.passwor 命令，它们下面的 def gg waitFor QualityGate()命令会返回错误：

```
org.sonarqube.ws.client.HttpException:Error 403 on
http://192.168.0.123:9000/api/ce/task?id=AYTw1iOlEtD72hHE5js0:{"errors":[{"msg":
"Insufficient privileges"}]
```

3. 在"Windows 10 + MS SQL Server 2014"下无法运行 sonarqube-9.7.1.62043，web.log 会报错：

```
2022.12.08 17:23:43 INFO  web[][o.s.p.ProcessEntryPoint] Starting Web Server
2022.12.08 17:23:47 INFO  web[][o.s.s.p.LogServerVersion] SonarQube Server /
9.7.1.62043 / 13c69ab992096c497badccbdb4a31110594574fd
2022.12.08 17:23:47 INFO  web[][o.sonar.db.Database] Create JDBC data source
for jdbc:sqlserver://localhost;databaseName=sonar
2022.12.08 17:23:48 INFO  web[][c.z.h.HikariDataSource] HikariPool-1 -
Starting...
2022.12.08 17:23:49 ERROR web[][c.z.h.p.HikariPool] HikariPool-1 - Exception
during pool initialization.
com.microsoft.sqlserver.jdbc.SQLServerException:驱动程序无法通过使用安全套接字层
(SSL)加密与 SQL Server 建立安全连接。错误："PKIX path building failed:sun.security.
provider.certpath.SunCertPathBuilderException:unable to find valid certification
path to requested target"。ClientConnectionId:cfe85f63-983c-4f00-850d-7b2ec
262b3f6
    at com.microsoft.sqlserver.jdbc.SQLServerConnection.terminate(SQLServer
Connection.java:3806)
```

在"Ubuntu Linux + PostgreSQL"下是可以的。

4. 仅在"%SONARQUBE_HOME%\conf\sonar.properties"中配置 sonar.login=admin 和 sonar.password=123456 是不行的，在运行 sonar-scanner 扫描的时候仍需要加上 sonar.login 和 sonar.password。

5. 针对 HTML Publisher，在非 Firefox 的浏览器中，每次打开一个链接都需要重新登录，并且图片和颜色的显示存在问题。

参 考 文 献

[1] Lasse Koskela. 有效的单元测试. 申建译. 北京：机械工业出版社，2014.

[2] Petar Tahchiv 等. JUnit 实战. 王魁译. 北京：人民邮电出版社，2012.

[3] Roy Osherove. 单元测试的艺术. 金迎译. 北京：人民邮电出版社，2014.

[4] 顾翔. 软件测试技术实战：设计、工具及管理. 北京：人民邮电出版社，2017.

[5] 翟志军. Jenkins 2.X 实践指南. 北京：电子工业出版社，2019.